リデルハート
戦略論

間接的アプローチ 【上】

Strategy

B. H. Liddell Hart

【著】B・H・リデルハート

【訳】市川良一

部隊訓練教官イヴォー・マックスに捧ぐ

あらゆる戦争は欺瞞《ぎまん》のうえに成り立っている。したがって攻撃が可能なときには、それが不可能なように敵に思わせなければならない。軍事力を行使するときには、その行使に積極的でないように見せかけなければならない。敵の近くにいるときには、遠くにいると敵に信じさせなければならない。敵から離れているときは、近くにいると信じ込ませなければならない。敵を誘惑しておびき寄せよ。混乱を装って敵をたたけ。

（『孫子の兵法』紀元前五〇〇年）

長期戦で利益を得た国はひとつもない。戦争の悪について熟知している者だけが、戦争で利益を得る方法をよく理解しているものである。

（同前）

最高の戦争のやり方は、戦わずして敵の抵抗を排除することにある。

（同前）

最もすぐれた統帥の方式は、敵の計画をくじくことである。次にすぐれた統帥は、敵の軍事力の結集を阻止することである。その次が敵軍を野戦場で攻撃することである。最悪の統帥は城壁で固められた都市を攻囲することである。

（同前）

あらゆる戦闘では、それに参加するために直接的方法（the direct method）が用いられるであろうが、勝利を確実にするためには間接的方法（the indirect method）が必要となるであろう。（同前）

敵が急いで防御しなければならない地点に出現し、敵の予想しない場所へ迅速に軍を進めよ。（同前）

敵の弱いところに向かって進めば前進でき、抵抗を受けることはない。敵より行動が迅速であれば、追撃されず安全である。（同前）

誰でも、私が勝利を獲得するときに用いる「戦術」を見ることはできるが、勝利をもたらす「戦略」は誰も見ることはできない。（同前）

戦術は水に似ている。水の流れは高いところを避けて低いところへ向かうが、戦いの形も敵の備えているところを避けて、隙のあるところを攻撃する。水は地形に従って流れるが、それと同じように、軍も敵情に従って勝利を決する。（同前）

遠い迂回路をゆっくり進んでいるように見せかけ、敵を利益で釣って遅滞させ、相手よりも後から出発して、相手よりも先に行きつく。それが「遠近の計」つまり「遠い道を近道にする計りごと」を知る者である。（同前）

遠近の計を知る者が勝者になる。それは策略の術である。（同前）

軍旗が整然としている敵を迎え撃つな。粛々と自信に満ちて配置についている敵を攻撃するな。（同前）

敵を囲んだときは、出口を開けておけ。あまりに厳しく締めあげて、敵を自暴自棄にするな。（同前）

迅速が戦争で最も重要なことである。敵が準備していないところを利用せよ。敵が予期しない道を進め。そして防御されていないところを攻撃せよ。（同前）

最も完全かつ幸運な勝利とは何ら損害を被ることなく、敵に目的を放棄するよう強制することである。

（ベリサリウス。東ローマ帝国皇帝ユスティニアヌスに仕えた将軍）

間接的方法によって本当に得たいものを見つけ出す。

（『ハムレット』第二幕第一場）

戦争の術の全体を構成するものは、迅速かつ大胆な攻撃に続いて、論理的できわめて用意周到な防勢をとることである。

（ナポレオン）

あらゆる軍事行動には、知性の力とその効果が行きわたっているべきものである。

（クラウゼヴィッツ）

賢明な軍事指導者は、多くの場合、戦略的に見て非常に攻勢的な性質を持った防勢陣地をうまく選択するので、敵はそのわが陣地を攻撃せざるをえない立場に立たされるのである。

（モルトケ）

勇敢なわが軍人たちよ。彼らは常に敵の守りの最も強固なところへ突進してゆく。

（ドゥ・ロベック提督。一九一五年四月二十五日、ガリポリ半島上陸を見守りながら）

戦略論　間接的アプローチ　上巻　◉　目次

◉下巻　目次

第二改訂版への序言

本書の最終版は、最初の水素爆弾の爆発実験直後の一九五四年に出版された。水素爆弾は、核分裂と核融合の技術の発展がもたらした熱核爆弾である。この最初の水素爆弾でさえ、一九四五年の最初の原子爆弾よりも千倍も大きな爆発力を持っていた。

しかし、その後に印刷された当時の版の序言で、私はこの新しい兵器の開発も、その応用面から見れば、さらに一層の非在来型方式の兵器開発への刺戟となるとはいえ、戦略の基盤あるいはその実行面を根本的に変化させるものではなく、また、いわゆる「在来型兵器」に対する依存状態からわれわれを解放するものではないであろうということを敢えて予言しておいた。

核兵器の数と、一九五四年以降の非核型紛争の増加にもかかわらず、経験の教えるところでは、その当時に予測された傾向がはっきりと確認されている。特にその経験は、核兵器の開発が戦争を抑止する効果を無効にし、またそれによって、ゲリラ戦型戦略の行使される頻度が増す傾向があるとする予測を裏付けている。

そのような理由から、本書では新たに一章を追加し（第四部二十三章）、ゲリラ戦の基本的要因とその諸問題を扱っている。これらの諸問題は、非常に長期にわたって存続するものであるが、現在まだはっきりとは理解されていない。――特に「ゲリラ戦」と呼びうるものならなんでも新たな軍事方式ないしは騒々しい議論の対象となってきている国々においては特にそうである。

序言

水素爆弾は、安全保障についてのヨーロッパ諸国民の理想を、完全かつ最終的に実現するための解答となるものではない。すべての危険への「万能薬」ではない。水素爆弾は、その攻撃力を増大させる一方で、ヨーロッパ諸国民の安全保障への懸念を尖鋭化し、不安感を深めさせてきた。

一九四五年の原子爆弾は、ヨーロッパの責任ある政治家たちにとって、迅速かつ安全な勝利とそれによる世界の平和を確実にする手っ取り早い、唯一の手段であると思われた。ウィンストン・チャーチル卿が言うように、彼ら政治家たちの考えでは、原子爆弾の数回の爆発という代償を払って圧倒的な力を見せつけることによって、戦争を終わらせ、世界に平和をもたらし、しいたげられた人びとに救済の手を差しのべることは、これまで一貫して苦しみと危険に曝されてきた後では、救いの奇跡のように思われたのである。しかし、今日の自由世界の人びとの不安な状態は、当時のヨーロッパ諸国の指導者たちが、そのような勝利によって平和を手に入れるという問題が、一体どんなことを意味するのかを、よく考え抜くことができなかったことを示している。

彼らは「戦争に勝つ」という直接的な戦略目的を超えた先のことに考えがおよばず、軍事的勝利が平和を保障するという、歴史の一般的経験に反することを仮定することで満足してしまった。それがもたらしたものは、純粋な軍事戦略が、より次元の高い「大戦略」という、より長期的で、より広範な見地から導かれる必要があるという、最近見られる多くの教訓である。

第二次大戦という環境においては、勝利を追求することは悲劇と不毛に陥るべく運命づけられていた。ドイツの抵抗力を完全に打倒することは、ソヴィエト・ロシアによるユーラシア大陸の支配に道を開き、あらゆる方向に向かって共産主義の力がとてつもなく拡張する道を開いた。戦争を終結させた原子兵器のめざましい示威が、ロシアに同じような種類の兵器の開発をもたらすことになったのも当然のことであった。

第二次大戦後の講和ほど安全保障の目的を達成しなかった先例はなく、終戦後、神経をすり減らすような八年間が過ぎた後に作り出された熱核兵器は、「戦勝」諸国民の不安感を一層深めることになった。しかし、熱核兵器のもたらしたものは、それだけではなかった。

水素爆弾は、爆発実験においてさえ、方法としての「全面戦争」と、戦争目的としての「勝利」というものが、時代遅れの考え方であることを明確にしただけであった。

このことは戦略爆撃の主要な擁護者たちによって認められるようになっている。イギリス空軍元帥サー・ジョン・スレッサーは最近の報告で、次のように言明している。「過去四十年間にわれわれが知ったように、全面戦争は過去のものである。……今日の時代では、世界戦争は全人類の自殺行為であり、よく言われるように文明の終焉となるであろう」。イギリス空軍元帥テッダー卿は以前に、同じ問題が「実際に起こる可能性」について正確で冷徹な見解を強調した。そして「核兵器を使用する争いは、二者間の闘争ではなく、相互自殺である」とのべた。

やや論理性に欠けるが、彼はつけ加えてのべている。「それが侵略を助長する見通しはほとんどない」と。やや論理性に欠けるというのは、冷血な侵略者は、明らかに致命的であるとはいえないような脅威に敵が即座に反応して、自殺行為に入ることを当然ためらうことをあてにして、侵略を行なうかもしれないからである。

いかなる責任ある政府も、そういう点になると、間接侵略に対する対抗措置として、あるいはどのような種類の地域的・限定的侵略に対する措置としても、水素爆弾の使用を決断するであろうか。いかなる責任ある政府も、前記の空軍首脳自身が警告した、いわゆる「自殺行為」に先手をとることがあるだろうか。水素爆弾それ自体よりも確実性がなく、差し迫ってもいない、いかなる脅威に対しても、水素爆弾が使われることはないであろうと考えてよい。

侵略に対する抑止力として、政治家たちがそのような兵器（核兵器）に寄せる信頼は、幻想に支えられているように思われる。それを使用すべき脅威は、ロシアとその戦略爆撃部隊に危険なほど接近していて、鉄のカーテンの近くにある国々に比べて、クレムリンでは深刻に考えられてはいないのかもしれない。核による脅威は、もしそれが、これらの諸国民を守るために利用されるならば、それら諸国民の抵抗の決意を弱めさせるだけであろう。核の「逆暴発」はこれまでにもすでに有害な影響をおよぼしている。

水素爆弾は「封じ込め」政策にとって、役に立つよりも、その障害となっている。水素爆弾は、全面戦争の可能性を減少させるのと同じ程度に、間接的かつ広範囲にわたる「局地的侵略」によって追求される「制限戦争」の可能性を増大させている。侵略者は、被侵略者に、水素爆弾または原子爆弾による反撃を躊躇させる一方、様式はさまざまであるが、目的を達成すべく計画した種々のテクニックを選択して利用することができる。

脅威の「封じ込め」に対して、今やわれわれはますます「在来型兵器」に依存するようになっている。しかしながら、その結果得られる結論は、われわれが在来型の方式に戻らなければならないことを意味するものではない。この結論は新しい方式の開発を刺戟するものにほかならない。

われわれは、航空核戦力の擁護者たち（過去の時代に革命的な考えを持っていた人たち）が考えたものとは非常に違った、新しい戦略の時代に入っているのである。今やわれわれの相手側によって開発中の戦略は、優越した航空戦力を回避し、かつその行動の自由を拘束するという、二重の考え方に立っている。皮肉なことに、われわれが爆撃用兵器の効果を巨大にする技術を開発すればするほど、われわれは相手側の新しいゲリラ型戦略の進展をますます助ける結果になっている。

われわれ自身の戦略は、このような考え方を明確に把握したうえで打ち立てられなければならない。そしてわれわれの軍事政策は新しく方向づけられなければならない。将来の展望のための視野は開かれており、われわれは対抗的戦略のために、その開かれた視野を効果的に発展させることができるであろう。ちなみに、水素爆弾を使って相手側の都市を抹殺することは、わが方の潜在的「第五列」という「資産」を破壊し去ることでもある。

「核戦力はわれわれの戦略を廃棄させてしまった」という広く一般に行なわれている考え方は、

誤った基礎の上に立つものであり、誤りに導くものである。極端な場合には「自殺」にも至るような破壊をもたらすことによって、核戦力は戦略の真髄である間接的方法への復帰を刺戟し、促進させている。というのは、間接的方法は、戦争を野蛮な暴力の使用よりも高尚なものへと高めるような、知性の資質を戦争そのものに与えるからである。そのような「間接的アプローチ」への復帰の徴候は、（大戦略が欠如してはいたが）第一次大戦におけるよりも戦略がより大きな役割を果たした第二次大戦においてすでに認められていた。今や核の抑止力は、わかりきったやり方に沿っての直接行動を抑止する効果をもたらしているため、かえって侵略者側の戦略を巧妙にするのを助ける傾向にある。こうして核抑止力の開発は、その開発の進展と同じ程度に、「戦略の力」に対するわれわれの理解が進むことを条件として行なわなければならないことがきわめて重要になる。根本的に見て、戦略の歴史は、間接的アプローチの適用とその発展の記録である。

「間接的アプローチの戦略」に関する私の最初の研究は、『歴史上の決定的戦争』という書名で、一九二九年に出版された。本書は、さらにその後の二十五年間にわたる研究と思索の結果を、戦略と大戦略の両面における第二次大戦の諸々の教訓の分析とともに収録したものである。

私が一連の軍事作戦について、長期にわたって研究している間に、「間接的アプローチが直接的アプローチよりもすぐれていること」に初めて気づくようになったときには、私は戦略というものに一条の光明があてられることを期待しているだけであった。しかしながら、さらに考察を進めるうちに、私は「間接的アプローチ」は、それまで考えていたよりもはるかに広範にわたり適用できること、それがあらゆる分野での生命の法則であり、哲学上の真理であることを理解し始めたのである。「間接的アプローチ」の遂行は、人間的要因の支配している、あらゆる問題を取り扱う際の実際的解決の鍵となると思われる。そして、意思の葛藤は、それを裏で支えている利害への関心から発する傾向がある。そのようなあらゆる事例においては、新しい考え方を直接批判し、頭ごなしに攻撃することは、相手の頑固な抵抗を引き起こすものである。こうして、相手の考え方を変えさせることがますます困難になる。相手の考え方を変えさせることは、相手と違ったわが方の考え方を、相手が疑惑を感じないような形で浸透させることによって、あるいは相手の本能的な反対行動と正面から対決せずに、翼側にまわって論破していくことによって、一層容易に、迅速に達成されるものである。間接的アプローチは「性の領域」にとってと同じように、「政治の領域」にとって基本的なものである。商取引においても、確実に安い買い物があると示唆することは、その商品を購入するように直接訴えるよりもはるかに相手に訴えるところが大きい。そしてどんな分野でも、上司に新しい考え方を受け入れさせる最も確実な方法は、その新しい考え方が、上司自身の考え方であるといって上司を説得することである、ということは広くいわれていることである。戦争の場合と同じように、その目的は相手に勝とうとする前に、相手の抵抗を弱めることである。そしてその効果は、防勢側からその異分子を誘い出し、あらかじめ排除してしまうことによって、最も大きくなる。

「間接的アプローチ」という考え方は、あるひとつの心が他の心に与える影響、人間の歴史において最も影響力を持つ要因についてのあらゆる問題と関連している。だがそれは、次のようなもうひとつの教訓とうまく調和させることは難しい。その教訓というのは、「真理を追究することがどこへつながっているのか、あるいはそれが各種の利害に対してどんな影響をおよぼすかを考慮せず、真理を追究することによってのみ、真の結論が得られ、あるいはその結論に近づくことができる」というものである。

歴史は「予言者たち」が人類の進歩において果たしてきたことを、生き生きとした形で証明している。それは、われわれが認めるように、真実を完全な形で表現することがきわめて実際的な価値を持っていることを示すものである。だが、予言者たちのビジョンが受け入れられ、広まっていくのは、いつでも予言者とは別の階層の人びとによるものだということも明らかになってきている。この階層の人びとは、真理と、それを受け入れる人間の能力との兼ね合いをよく検討する「指導者たち」であり、彼らは哲学的戦略家でなければならなかった。それら戦略家たちの影響は、真理をはっきり示すうえでの実際的知恵に左右されると同時に、彼らがどこまで真理をつかめるかという戦略家たちの能力に左右されることが多かった。

予言者は迫害されるに違いない。それは予言者の運命であり、彼らの自己達成の程度を示す試金石である。だが、迫害される指導者は、自分の知恵が不足しているために、あるいは自分の役割と予言者の役割を混同することによって、自分の役割を果たしてこなかったことを証明しているにすぎない。そのような自己犠牲の結果が、指導者としての明らかな失敗を償《つぐな》って、彼に人間としての名誉を与えるかどうかは、ただ時の裁きによるほかはない。少なくとも彼は、指導者たちにより一般的に見られる欠陥――大きな目的にとって窮極的に有利となるようなことを無視して、便宜的に真理を犠牲にするという欠陥――からは免れているのである。というのは、目前の利益のために真理を抑圧する習慣を持っている者は誰でも、自らの思考の胎内から奇形を生み出すものだからである。

真理の達成へと向かう進歩と、真理を受容する方向へ向かう進歩とを結びつける実際的方法はあるのだろうか。この問題にとっての可能な解決策は、戦略上の諸原則を深く考察することによって示唆されるものである。戦略上の諸原則は、ひとつの目的を一貫して維持すること、状況に適応させてその目的を追求することが重要であることを示している。真理に反対する抵抗が起きるのは避けられない。その真理が新しい考え方という形をとる場合には特にそうである。しかし、その抵抗の程度は、その目的について考えをめぐらすだけでなく、問題へのアプローチの仕方をも考えに入れることによって減らすことができる。長期間にわたって確立された陣地に対して正面攻撃をかけることは避けよ。そのかわり敵の側面を迂回する運動によってその陣地を迂回せよ。そうすれば、その真理の突進に対して、さらに突破しやすい側面が暴露することになる。しかし、このような「間接的アプローチ」をとるときには、どんな場合でも、真理から逸脱しないように注意すべきである。間接的アプローチの真の進展にとっては、そのアプローチが真理でない方向へそれるほど致命的なことはないからである。

このような考察がどんな意味を持つかは、考察者自身の経験から得られる実例によって一層明らかになるであろう。いろいろな新しい考え方が受け入れられた諸段階を振りかえってみれば、何か新しい考え方を提案するときには、それが革新的に新しいものとしてではなく、すでに忘れ去られてしまった原理や慣行の現代における復活であるとして提案されるとき、その提案は楽に受け入れられることがわかる。ここで必要なことは歎くことではなく、関連事項を注意深く探査することである。――「太陽のもとには新しいものは何もない」のだから。その顕著な例は、軍の機械化に対する反対が、次のようにして消えていったことである。すなわち、機動力の大きい装甲車両（快速戦車）が基本的に装甲騎兵の後継者となり、過去の時代に騎兵が果たした決定的役割の復活を当然のように引き継いだものだということを示すことによって、軍の機械化に対する反対は全く姿を消したのである。

B・H・リデルハート

第1部

紀元前五世紀から二十世紀までの戦略

第1章

実際的経験としての歴史

「愚者は体験によって学ぶという。私は他人の経験によって利益を得ることを好む」。これはビスマルクの言葉の引用であり、それは決して彼の創唱によるものではないが、軍事上の諸問題とは特別の関係を持つものである。「正規の」軍人は、他の職業に携わる者と違って、自分の専門的職業を恒常的に実施することはできない。「武器を使用する職業」は、文字通りの意味では全く職業とはいえず、単に「臨時に雇用された」ものにすぎないと主張することさえできるかもしれない。――そして逆説的にいえば、「戦争の目的のために雇用されて給料の支払いを受ける傭兵軍隊」が、「戦争のないときにも給料の支払いを受け続ける常備軍」によって置き換えられたとき、この戦争のための臨時雇用は職業であることをやめたのである。

厳密にいって武器を使用する職業というものは存在しない、という主張は、それが果たしている機能から見て、今日の多くの国々についてはあてはまらないとしても、実際問題としてはこの主張は肯定せざるをえなくなっている。戦争は以前に比べて規模は大きくなっているが、その発生頻度はますます小さくなっているからである。戦争の訓練も「実際的」な経験をさせることよりも、「理論的」な実習の性格を持つようになっている。

だがビスマルクの警句は、この問題に別の角度からより多くの論拠を与えている。それは実際的経験には直接的経験と間接的経験の二種類があること、そしてこのふたつの経験のうち間接的な実際的経験は無限に範囲が広いので、より一層価値があることを、私たちに認識させるのに役立っている。最も活動的な職業経歴、特に軍人の経歴においてさえ、直接的経験の範囲とその可能性は非常に限定されている。軍人の職業とは対照的に医師の職業には絶え間のない実習があるが、内科および外科の医学の大きな進歩は、開業医の経験よりも科学的考察や研究活動によるところが大きい。

直接的経験はもともと理論面または応用面での適当な基礎を構成するには制約されすぎている。直接的経験はせいぜいのところ思考の構造を単純化し、固めるうえで価値があるような雰囲気を作り出すものである。間接的経験が直接的経験より大きな価値を持っているのは、前者が後者よりも多様性に富み、その範囲が広いからである。「歴史は普遍的経験であり」、それは他の誰かひとりの経験であるにとどまらず、多種多様な条件下での多数の人びとの経験である。

ここに戦史を、軍事教育の基礎——軍人の訓練と精神的啓発におけるすぐれた実用的価値——と考えることの合理的な妥当性がある。あらゆる経験についていえるように、戦史に学ぶことから得られる利益は、その経験の幅の広さ、その戦史が上述の「歴史は普遍的経験である」という定義にいかに接近しているかということ、および戦史研究の方法によって決定される。

軍人たちは、しばしば引用されるナポレオンの格言「戦争では精神的要素は物質的要素の三倍の価値がある」という一般的真理を広く認めている。この三対一という算術的比率そのものは実際上価値のあるものではないかもしれない。というのは兵器が不十分なときは士気は沈滞しやすく、最も強い意志もその人が死んでしまってはほとんど価値がないからである。精神的要素と物質的要素とは分離することはできないが、上記の格言は「精神的要素はあらゆる軍事的決心において優越する」という考え方を表現しているために永続的な価値を持っているのである。戦争と戦闘の帰趨《きすう》は、常に精神的要素によって決せられる。戦争の歴史においては、精神的要素は物質的要素よりも一層不変の要素を構成し、その変化は単に程度の変化にとどまるだけであるが、物質的要素はほとんどすべての戦争、すべての戦況のもとで変化する。

このようなことを認識することは、実用のための戦史研究の問題全体に影響を与える。最近数世代における戦史研究の方式は、ひとつないしふたつの作戦を選定し、それを職業的訓練の手段とし、あるいは軍事研究の基本として徹底的に研究することであった。しかし、そのような限定された基盤に立った軍事研究では、ひとつの戦争から他の戦争へと、使用する軍事的手段が常に変化し、研究者の視野や展望が狭くなり、得られる教訓に誤りが生ずる危険が伴う。物質的な面での唯一不変の要素は、「手段と条件とは常に変化する」ということである。

それとは対照的に、人間の本性は危険に対する反応という面ではほとんど同じである。ある人びとは遺伝、環境、訓練によって、ほかの人たちよりも敏感でないかもしれないが、その差は程度の差であり、基本的な差ではない。状況と研究が局地的なものになるほど、そのような程度の差は判断を混乱させ、計量化するのが困難になる。いかなる状況においても人間の行なう抵抗を精確に計量することはできないであろうが、奇襲を受けた場合には、あらかじめ警戒していた場合よりも人間の示す抵抗は少なく、元気で給養がよい場合よりも疲労して空腹であるときのほうが抵抗が少ない、という判断を狂わせることはない。心理面の調査はその範囲が広いほど結論を得るための基礎としては役に立つものとなる。物質に対する心理の優越性と、その不変の度合いが大きいことを考えれば、どんな戦争理論の基礎となるものも、できる限り広く求めるべきであるという結論が導かれる。あるひとつの作戦を熱心に研究しても、それが戦争の歴史全体についての広範な知識を基礎としない限り、陥穽に陥りやすい。しかし、各種の時代、各種の条件の下での二十以上の事例において特定の原因が特定の結果を生ずることが認められたならば、その原因をいかなる戦争理論にとっても不可欠のものの一部を構成するものと考えることは根拠のあることである。

本書で以下にのべるテーマは、このような「広範な検討」である。事実それは一定の諸原因の総合的結果であるといえるかもしれない。これらの諸原因の探求は『ブリタニカ百科事典』の軍事部門の編集者としての私の仕事にも関連している。というのは、私は以前に自分の好みに従って各種の時代の戦史を研究したことがあったが、この仕事は私に、あらゆる時代の戦史についての全般的調査を必要とさせたのである。誰でもおよそ調査をしようとする者は、いや一旅行者になる場合でさえ、少なくとも広い展望に立ってのみ、その土地の全般的な起伏の状態と取り組むことができるものである。こうして初めて探鉱者は自分の求める地層を見出すことができるのである。

この調査の間に、ひとつの印象が次第に強まってきた。その印象というのは、あらゆる時代を通じて、敵が準備していないときに敵をたたくことを確実にするように「間接的アプローチ」を行なわなければ、効果的な戦果をあげることはほとんど不可能である」ということである。正面から敵をまともに攻撃（直接的アプローチ）しないで、間接的手法で攻撃すること（間接性）は、物質的には概ねいつも（usually）必要であるが、心理的には常に（always）必要とされる。戦略的観点から見れば、「目的に向かう最も遠まわりの経路が、しばしば最短経路となる」。

この教訓は次第に明瞭になり、わが方が敵の「当然予期する線」に沿って、心理的あるいは物質的目標に対して直接的アプローチを行なえば、マイナスの結果が生まれる傾向があることが明らかになってきた。その理由はナポレオンの格言にいう「精神は物質に対して三倍の価値がある」という言葉に生き生きと表現されている。これを科学的に表現すれば、次のようにいえるかもしれない。「敵対する軍隊または国家の力は、その数および資源の点から見て外向きに存在するが、その根本を考えれば、それらは内向きに、つまり指揮統制、士気および補給によって左右されるものである」。

敵が「当然予期している線」に沿って行動すれば、敵側の兵力の均衡の度合いは強固になり、そのため敵の抵抗は強化される。戦争ではレスリングの場合と同じように、敵の足もとを弱めそのバランスを崩さずに相手を倒そうとしても、敵を適当に緊張させるだけで、それに反比例してわが方の精力を消耗する結果になる。そのようなやり方が成功するのは、ある種の力が敵よりも非常に勝《まさ》っている場合に限られ、たとえそのような場合でも勝敗の決着がつけられないことが多い。大部分の作戦においては、敵の心理的および物質的バランスを撹乱することが、敵を打倒しようとする企図を成功に導く端緒となる。

この撹乱は、それが意図したものであるか幸運に恵まれた結果であるかは別として、戦略上の間接的アプローチによってもたらされてきた。分析によって明らかになっているように、攪乱はいろいろな形をとるものである。というのは、「間接的アプローチの戦略」は、敵の後方に向かう機動を含み、かつそれより範囲の広いものだからである。カモン将軍はこれをナポレオンの作戦のやり方に見られる不変の目的であり、その手法の重要性として示した。カモン将軍は主として兵站運動――その時間・空間および交通の要因に関心を向けていた。しかし、心理的要因を分析してみると、外見上は敵の後方に対する機動に似たところはないが、間接的アプローチの実例となっているような多くの戦略的作戦の間には、相互関係が潜在していることは明らかである。

この相互関係を追究し、これらの諸作戦の性格を判断するためには、数量的な力の大きさを表に表わしたり、補給や輸送の詳細を表で示したりする必要はない。われわれの関心は、もっぱら広範囲にわたる一連の事例についての歴史的結果と、それらの結果をもたらした兵站上の、または心理的な行動に注がれている。

もしも同じような結果が、基本的には同じような行動に続いて起こった場合には、その行動の際の条件が、性格、規模、日時の点で非常に各種各様であるとしても、われわれはその根底には明らかに関連があると認めるものであり、そこから「共通の原因」を論理的に引き出すことができる。そしてそれらの条件が変化に富んでいるほど、得られた結論はより確かなものとなるのである。

戦争を広く調査することが持っている客観的な価値は、新しい、真実な教義の研究にとどまるものではない。もしも広範な調査研究が、何らかの戦争理論にとって不可欠な基礎であるとすれば、それは自らの視野と判断力を発展させようとする普通の軍事研究者にとっても同じように必要である。そうでなければ、戦争に関する彼の知識は、細い先端の上に倒立したピラミッドのようにバランスの危ういものとなるであろう。

第2章

ギリシャ時代の戦争

エパミノンダス、フィリッポスおよびアレクサンドロス

歴史に関する調査にとっての最も当然の出発点は、ヨーロッパの歴史における最初の「大戦争」である大ペルシア戦争である。戦略が揺籃期にあった時代からは、われわれは多くの指針を得ることは期待できない。しかしマラトンという名前は、あらゆる歴史の読者の心と想像力に深く刻み込まれているので無視することはできない。それはギリシャ人の想像力にはなお一層強く印象づけられている。したがってその重要性はギリシャ人によって誇張されるようになり、彼らを通じてその後のあらゆる時代のヨーロッパ人によって誇張されるようになった。しかしその重要性を妥当な程度にまで低めることによって、その戦略的意義は増大する。

紀元前四九〇年のペルシアの侵攻は、ダリウス王の目から見ればいずれも小国にすぎないエレトリアとアテナイの国民に対し、ペルシアに隷属する小アジアのギリシャ人に反乱を教唆することを差し控え、余計なことに手を出さないように教えるための、比較的小規模な遠征であった。まずエレトリアが撃破され、その国民はペルシア湾沿岸の移住地に強制的に追放された。次はアテナイの

番であった。アテナイの超民主主義政党は、自国の保守政党に対するペルシアの干渉を支援しようと待ち構えていることが明らかであった。ペルシア側はアテナイに向かって直接前進せずに、アテナイの東北方二十四マイルにあるマラトンに上陸した。この上陸によってペルシア側はアテナイ陸軍を上陸点の方向へ引きつけ、それによってペルシアへの内通者らによるアテナイ市における権力の奪取を促進させるというもくろみであったが、これに反してもしアテナイ市に対する直接攻撃を行なったとすれば、権力奪取のための蜂起を妨げ、おそらくその蜂起の勢力をも敵にまわさなくてはならなくなったであろう。そしていずれにせよ、ペルシア側はアテナイ市の攻囲という余分な困難を経験することになったであろう。

もしもこのマラトン上陸がペルシア側の計算によるものであったとすれば、その囮作戦は成功であった。アテナイ軍はペルシア軍を迎え撃つためマラトンへ進出したが、ペルシア軍はその戦略計画の第二段階を遂行する手段を講じつつあった。ペルシア軍は増援部隊の掩護のもとに陸軍の一部を再び乗船させたが、その目的はこの兵力をファレルムへ回航して上陸させ、そこから無防備のアテナイ市へ躍進攻撃させようとするものであった。この戦略計画は各種の要因によって失敗に帰したとはいえ、その巧妙さにはめざましいものがあった。

ミルティアデスの精力的な働きにより、アテナイ側はペルシア軍の掩護部隊を遅滞することなく攻撃する機会を得た。マラトンの戦闘では、ペルシア軍に対抗する常にすぐれた財産としての、ギリシャのすぐれた装甲と長槍が、ギリシャ軍の勝利に貢献した。しかしながら、その戦いは愛国的伝説にのべられているよりも激しいものであり、ペルシア軍の掩護部隊の大半は安全を求めて船で逃げ出した。アテナイ軍はすばらしいエネルギーを発揮して迅速にアテナイ市へと後退したが、その迅速な行軍が、アテナイ市内にいる政治的不満を持つ政党の緩慢な行動と相まって、アテナイを救うことになった。というのはアテナイ軍がアテナイ市へ帰還したときに、ペルシア軍は攻囲を行なわざるをえないことを知ってアジアへ帰航したからである。それは彼らが単なる懲罰目的のために、大きな代償を払って遂行する価値はないことを認めたからである。

ペルシア側が、再び一層大規模な軍事行動に出たのはその十年後のことであった。ギリシャ側は警戒態勢をとることで利益を得るという行動は緩慢で、アテナイが自国の艦隊の拡張に着手したのは、ようやく紀元前四八七年になってからであった。当時その艦隊はペルシア側の陸上兵力の優位性に対抗するための決定的要素であるとされていた。その後ギリシャとヨーロッパが救われたのは、エジプトの反乱（紀元前四八六年から四八四年までの間、それはペルシアの関心を引きつけていた）とダリウス大王（当時のペルシアの最もすぐれた支配者）の死によってであったといっても誤りではない。

紀元前四八一年のペルシアの脅威が非常に大きくなったため、ギリシャ国内の党派および小国間の分裂が解消され、団結が強固になっただけでなく、ペルシア王クセルクセスを駆り立てて、自らの目標に対して直接的アプローチを行なわざるをえなくした。ペルシア侵攻軍の兵力はあまりにも大きく、海路で輸送できず陸路を選ばざるをえなくなった。人員が多すぎて補給が間に合わず、補給のために艦隊を使用せざるをえなかった。ペルシア軍はそのため沿岸にとどめられ、その艦隊は沿岸に縛りつけられ、両者とも足を縛りつけられた形になった。こうしてギリシャ側は敵の接近経路を確実に知ることができ、ペルシア側はその経路から離れることができなかった。

ギリシャの国土の特質は、敵の侵攻が当然予想される線上に敵を強固に阻止できる地点がつらなっていることであった。グランディの言うように、ギリシャ自体に利害の対立や意見の軋轢がなかったとすれば、侵略者はおそらくテルモピレーの南側に進出できなかったであろう。周知のとおり、歴史は不滅の挿話を受け継ぎ、ギリシャ艦隊はサラミス海でペルシア艦隊を再起不能になるまで撃破することによって侵略者を攪乱した。この間、クセルクセス王とペルシア軍は、自分たちの艦隊が撃破されること以上に、その補給源が撃破されるのを絶望のうちに見守っていた。

この海上決戦の好機が「間接的アプローチ」の分類に入ると思われる策略によって得られたということには、注目すべき価値がある。その策略というのは、テミストクレスがペルシアのクセルクセス王に「ギリシャ艦隊は寝返り降伏を起こす機が熟している」というメッセージを送ったことである。この策略は、兵力数で優越するペルシア艦隊を、その優越の効果を減殺すべく、狭い海峡に誘導するものであり、そのメッセージのもっともらしさは過去の経緯によって裏付けられていたため、ますます効果的であった。事実テミストクレスのメッセージには、彼自身の恐れていることが誇張してのべられていた。その恐れとは、ギリシャ連合艦隊のうちのペロポネソスの指揮官たちが、以前の戦争会議の席上で主張したとおり、サラミス海から撤退するかもしれず、そうなるとアテナイ艦隊は取り残されて独力で戦わなければならなくなり、あるいはペルシア艦隊に広い海上でその兵力の数的優越性を発揮させることになるかもしれないということであった。

他方ペルシア側では、クセルクセス王のひたすら戦闘を求めようとする意欲に反対する意見をのべた者はただひとりだけいた。それはハリカルナッソス出身の「船の女王」アルテミシアであり、記録によれば彼女は、直接攻撃を差し控え、その代わりにペロポネソスに向かって前進するペルシア軍に対し艦隊が協力するという、反対のやり方を計画するよう主張したといわれている。彼女の主張は、ペルシア側が与えるそのような脅威がペロポネソスの派遣艦隊の本国への帰航を駆り立て、それによってギリシャ艦隊の崩壊を起こさせることであった。彼女の期待はテミストクレスの憂慮と同じく妥当なものであり、またペルシア艦隊のガレー船団が攻撃に先立って出口を閉鎖しなかったとすれば、ペロポネソス派遣艦隊の撤退が実現していたのではないかと思われる。

しかしペルシア軍の攻撃は、防勢に立つギリシャ艦隊の撤退によって、攻撃側にとって致命的に不利な方向に向かって開始された。ギリシャ艦隊の撤退は数的に優越するペルシア艦隊を不均衡な形で狭小な作戦海域へおびき出す囮の役割を演じた。その理由は、攻撃側は狭い海峡を通って前進し、ギリシャ側のガレー船団は後退して逃げ去ったからである。ペルシア側のガレー船団はそこで櫂で漕ぐ速度を上げ、そのため混雑した大集団と化し、ギリシャ側のガレー船団が左右両翼から行なう反撃に曝されて絶望的な状態に陥った。

その後の七十年間、ペルシアがギリシャへの干渉を差し控えた主な要因のひとつは、アテナイがペルシアの交通線に対して行使できた間接的アプローチの力であったと思われる。このように推論することは、サラミス海におけるアテナイ艦隊の崩壊後、ペルシアの干渉が直ちに再開されたことによって支持される。間接的アプローチのための「戦略的機動力」の利用が、陸上戦よりも海上戦においてはるかに早く見られたということは、歴史的に特筆すべき価値がある。陸上戦力がその補給を「交通線」に依存するようになったのは、その発達段階がかなり進んだ後期においてであることが、その妥当な理由である。艦隊は敵対する国家の海上交通線、言い換えれば補給手段に対する作戦に慣熟していたのである。

サラミス海戦の結果、ペルシアの脅威が去るとともに、ギリシャにおけるアテナイの地位は日の出の勢いを示した。この勢いはペロポネソス戦争（紀元前四三一～四〇四年）をもって終焉を告げた。二十七年間という途方もない長期の戦争とそれによる恐るべき消耗（これは主要な交戦諸国だけでなく、不幸にも自称中立国と称する国々にももたらされた）は、その原因をたどってみると、変動し、しばしば目的を失った戦略へ交戦国の双方が繰り返し迷い込んだことによることが跡付けられるのである。

その最初の局面では、スパルタとその連合諸国はアッチカへの直接侵略を企図していた。しかしその企図は、優越したアテナイ海軍を使って略奪的襲撃を行ない、スパルタ側の侵略企図を止めさせる一方で、陸上戦闘は拒否するというペリクレスの戦争政策によって挫折させられた。

「ペリクレスの戦略」という用語は、その後の時代における「フェビアン戦略」という用語とほとんど同じように聞きなれたものであるが、この用語は戦争がたどったコースの意味を狭め、かつ混乱させるものである。ものの考え方をはっきりさせるためには、明解な用語が不可欠である。「戦略」（strategy）という用語は「統帥の術」（generalship）の文字通りの意味に最もよく適合する。「統帥の術」は軍事力に対する実際の指導であり、「統帥の術」は、他の手段、すなわち経済的・政治的・心理的な手段と結びつけるような「政策」(policy)とははっきりと区別されるものである。このような「政策」は、その適用面で高次元の戦略を取り扱うが、これに対しては「大戦略」(grand strategy)という用語が作り出されている。

戦いの決着をつけるために、敵のバランスを攪乱する目的を持つ間接的アプローチとは対照に、ペリクレスの計画は、敵が戦勝を得ることができないことを敵に確信させるために、敵の持久力を次第に枯渇させる目的を持った大戦略であった。この精神的・経済的消耗戦において、アテナイに疫病が持ち込まれ、戦勢を不利にしたことは、アテナイにとって不幸なことであった。このため、紀元前四二六年に、ペリクレスの戦略はクレオンとデモステネスの直接的攻勢戦略に取って代えられた。この新しい戦略は、いくつかの戦術的な輝かしい成功を収めたが、犠牲が大きく、成功したとはいえない。その後紀元前四二四年初冬には、スパルタの最も有能な軍人ブラシダスが、それまでアテナイが苦労して勝ち取ってきた有利な立場をすべて帳消しにしてしまった。ブラシダスはアテナイの勢力の樹幹ではなく、その根元に指向する戦略的行動でこれを達成した。ブラシダスはアテナイそのものを迂回して、ギリシャ本土を北端まで迅速に軍を進め、ハルキディキにあるアテナイの属領を攻撃した。この属領は「アテナイ帝国のアキレス腱」という巧みな名称で呼ばれていた。ブラシダスは、軍事的威力に加え、アテナイに反旗をひるがえしたすべての都市に対し、その自由と保護を約束することにより、ハルキディキに保有するアテナイの根拠地を震撼させ、アテナイ軍の主力をハルキディキへ引きつけた。アテナイ軍主力はアンフィポリスの戦いで悲惨な敗北を被った。ブラシダス自身は勝利の瞬間に戦死したが、アテナイは消極的ながらもスパルタと講和を結べたことを喜んだ。

その後数年間は見せかけの平和の時代であり、アテナイは繰り返し出兵を試みたが、ハルキディキで失った足場を奪還することはできなかった。その後アテナイは最後の攻勢手段として、シシリー島の要衝シュラクサイに対する遠征に着手した。当時シシリー島からは、スパルタとペロポネソスの全域に海を越えて食糧の補給が行なわれていた。この攻撃は、敵の同盟国を実際に撃つのではなく、敵の貿易相手国を撃つだけであるという欠陥を持っていた。そのため、敵の兵力を牽制《けんせい》することができず、新たに敵を作り出すことになった。

それにもかかわらず、その遠征において、ほとんどほかに類例を見ないような一連の大失策がなかったならば、戦勝の精神的・経済的成果がこの戦争全体のバランスを変えることになったかもしれない。遠征計画の立案者アルキビアデスは、その政治的敵対者の陰謀によって自らの統合司令部から召還された。彼は神聖を侵した罪に対する裁判と、それに続く確定した死刑宣告が待っている本国へ帰還せずに、スパルタへ逃亡した。彼はスパルタでいかにして自分が立案した計画の裏をかくかを、敵に助言する目的を持っていた。アルキビアデスの計画に対する頑固な反対者であったニキアスは、その後の作戦遂行のために統合司令部に残され、自らの頑固な愚かさのために計画を失敗させてしまった。

アテナイはその陸軍をシュラクサイで失ったが、その艦隊を使って本国での敗北をかろうじて食い止めた。その後の九年間にわたる海戦によって、有利な講和条約だけでなく、アテナイ帝国の復興が手にとどくところまでいった。しかしながらこのアテナイの希望は、紀元前四〇五年にスパルタの提督リュサンドロスによって劇的な終わりを告げた。『ケンブリッジ版古代史』にはこれに関する次のような記述が見られる。「リュサンドロスの作戦計画は、戦いを回避し、アテナイ帝国の最も脆弱な箇所を攻撃して、アテナイを極度に消耗させることであった」。

この記述の中の戦いの回避という表現は正確であるとはいえない。というのは彼の計画は戦闘の回避というよりはむしろ間接的アプローチだった。それゆえに彼は自分にとって非常に不利な時期と場所においても、それらを好機として利用できたからである。彼は艦隊の進行方向を巧妙かつ秘密裡に変えながらダーダネルス海峡の入口に到達し、アテナイへ向かう途中のポントスの穀物船団をそこで待ち伏せした。「アテナイにとって穀物の補給は死活問題であったので、アテナイの指揮官たちは安全のため、その百八十隻の穀物船団全体を急がせた。その後四日間、ギリシャの指揮官たちはリュサンドロスを戦闘に誘い込もうとしたが果たせず、他方リュサンドロスは、ギリシャの指揮官たちが自分を追いつめたと信じこむようにあらゆる手段を講じた。こうしてギリシャの指揮官たちは、セストスという安全な港へ補給を受けるため退避せずに、アイゴスポタマイにおいてリュサンドロスの艦隊と対峙して広く開けた海峡上に停泊していた。戦闘五日目に、穀物船団の乗組員の大部分が穀物収集のために上陸したとき、リュサンドロスは突如出撃し、一撃も加えずに穀物船団のほとんど全部を捕獲した。そしてこの最も長かった戦いを、わずか一時間で終結させた」。

この二十七年間にわたる戦争では、数十回の直接的アプローチが行なわれた。それらはいずれも失敗し、通常の場合それを仕掛けたほうが傷つく結果に終わったが、ブラシダスがアテナイの保有するハルキディキの「根元」(根拠地)に対して行なった行動により、戦勢は決定的にアテナイに不利になった。アテナイの復興への希望が最も確実になったのは、シシリー島におけるスパルタの経済力の根元に対して——大戦略の次元での——間接的アプローチをアルキビアデスが企画したときであった。その後さらに十年間の長期戦が続いた後、海上における戦術上の間接的アプローチによってとどめの一撃が加えられた。この戦術上の間接的アプローチそれ自体は、大戦略における新たな間接的アプローチの結果なのであった。その好機がアテナイの「国家的交通線」に対する脅威によって作為されたものであるということは注目すべき点である。リュサンドロスは経済的目標を選ぶことにより、少なくとも敵の勢力を枯渇させようと期待することができたのである。こうして醸成された焦慮と恐怖によって、彼は奇襲に適した状況を作りあげ、迅速な軍事的決着を手に入れることができたのである。

アテナイ帝国の没落とともに、ギリシャ史の次の局面は、スパルタによるギリシャの主導権の獲得である。それゆえ、われわれの次の問題は、スパルタの権勢を没落させた決定的要因は何であったかということである。その答えはひとりの男と、科学と戦争術に寄与した彼の貢献のうちにある。エパミノンダスの台頭に先立つ数年間に、テーベは後にフェビアン方式と呼ばれるようになった間接的アプローチの大戦略ではあるが、戦闘をもっぱら回避する戦略によって、スパルタの支配から自らを解放していた。その間スパルタ軍は抵抗を受けることなくボイオーティア各地をさまよっていた。この方式は神聖兵団として有名な職業的精鋭部隊を建設する時間をテーベ側に与えることになった。その後この精鋭部隊はテーベ軍の先鋒となった。またこの方式はスパルタ国内に政治的不満が拡がる時間と好機会を作り出し、そこでアテナイは領土に対する圧迫を免れ、国家的なエネルギーと人的資源を自国艦隊の再建へと集中することができた。

こうして紀元前三七四年には、テーベを含むアテナイ連邦は、スパルタがアテナイにとって有利な講和を締結する意志があることを知った。その三年後、アテナイ国民が戦いに疲れた頃、新たにギリシャの講和会議が召集されたが、アテナイの海上における冒険的行為によって間もなくつぶされてしまった。しかしこの講和会議でスパルタは戦場で失ったものを大いに取り返し、テーベをその同盟諸国から孤立させることに成功した。そこでスパルタは懸命にテーベを潰滅させようとした。伝統的に質が優秀で、数のうえでもテーベに対して優越していた（スパルタの一万に対しテーベは六千）スパルタの陸軍は紀元前三七一年にボイオーティアに侵攻したが、レウクトラの戦いで、エパミノンダスの率いるテーベの新しいモデル陸軍（new model army）によって決定的に撃破された。

エパミノンダスは、それまで数世紀間の経験によって確立された戦術の方式を打破しただけでなく、戦略、戦術の面でも、また大戦略面でも、後世の軍事理論の巨匠たちに、その理論的基礎を与えた。彼の戦略的構想の枠組みさえも末永く生き残り、あるいは復活した。というのも、戦術面で、フリードリヒ大王によって有名になった「斜線隊形」もエパミノンダスの方式を若干精緻化しただけのものだったからである。エパミノンダスは、レウクトラの戦いで従来の慣行に反して、自軍の左翼に最も優秀な兵員の主力を配置し、逐次弱い中央と右翼を後退させながら敵の一翼（敵の総指揮官が陣取り、敵の意志の存在する要点）に対して優勢な突進部隊を展開させた。

レウクトラの戦いの一年後、エパミノンダスは、新たに編成したアルカディア軍団を率いて、処女地スパルタへ前進した。ペロポネソス半島の、それまで長い間他国から支配されたことのないスパルタの心臓部へのこの進軍は、間接的アプローチの多種多様な性格を持つという点で際立っていた。それは真冬に行なわれ、兵力は三個の縦隊に分離されていたが、先に行って集中するようになっていた。こうして敵兵力と敵の対抗方向とをそれさせるように牽制していた。ここで採りあげたこの事例は、ナポレオン戦争よりもはるか以前の古代で見られた、ほとんどほかに類のないものであった。エパミノンダスはさらに深い戦略的洞察力を持って、スパルタの前方二十マイルにあるカリアエで全兵力を結集した後、敵の首都を迂回してその背後へまわった。この運動によって、テーベ軍はヘロット（スパルタの農奴）から成るかなり大きな集団と政治的不満分子を味方につけられるという、有利な条件が計算されていた。しかしスパルタ側は緊急にヘロットを解放することを約束して、この危険な動きを阻止することができた。またペロポネソス半島からスパルタの同盟諸国の強力な増援兵力が適時に到着したため、スパルタは攻囲による首都の陥落は、かろうじて阻止することができた。

エパミノンダスは、スパルタ側を開豁地《かいかつ》へ誘い出すことが不可能であり、戦いの長期化は雑多な集団から成る自軍が、次第に衰滅していくのを意味することを直ちに悟った。そのため彼は威力の低下した戦略的な武器を、より巧妙な武器——間接的アプローチの大戦略——に換えることにした。

彼はメッセニアの自然の要害イソメ山に新たにメッセニアの首都を作り、彼の味方の反乱分子をそこに定住させ、侵攻以来獲得してきた略奪品をその新国家へ贈与した。この新しい国家はギリシャ南部のスパルタを牽制し、張り合った。国家の体制が確立したことにより、スパルタは領土の半分を失い、その農奴の半分以上を失った。エパミノンダスは、さらにスパルタを牽制するものとしてアルカディアに巨大都市を建設したため、スパルタは政治的に包囲されたばかりでなく、一連の要塞によっても包囲されたので、スパルタの軍事的優越の経済的基盤は断ち切られた。エパミノンダスはわずか数か月の作戦の後にペロポネソス半島を去ったとき、彼は戦場で勝利を手に入れることはなかったが、しかし、大戦略によってスパルタの勢力の基盤を決定的に攪乱していたのである。

しかしながら、テーベ本国内の政治家たちは、相手を潰滅させるような軍事的勝利を要望し、それが達成されなかったことに失望していた。たとえ一時的とはいえ、その後エパミノンダスが更迭されるとともに、テーベの民主政府はその近視眼的な政策と、外交の大失策によって、勝ち取った有利な地位を喪失してしまった。それによってアルカディアにあるテーベの同盟諸国は、それまでのテーベの恩義も忘れて、自惚れと野心を強め、テーベの指導力を批判するようになった。紀元前三六二年に、テーベは自国の権威を同盟諸国に強制的に再認識させるか、自国の威信を放棄するかの二者択一を迫られた。テーベがアルカディアに対して行動を起こしたため、ギリシャ諸国は新たにふたつの陣営に分かれて争うことになった。エパミノンダスがテーベのために働いただけでなく、メッセニアとメガロポリスの両国の設立という彼の大戦略の効果が、今やスパルタの勢力を抑えるとともにテーベ側の力を補うものとなったことは、テーベにとって幸いであった。

エパミノンダスはペロポネソス半島へ侵入しつつ、テゲア（アルカディア南部の都市）でペロポネソスの同盟諸国の兵力を自軍に統合し、その後スパルタと他の反テーベ諸国の軍（それはマンティネアに集結していた）との中間に布陣した。スパルタ側はその同盟諸国軍と合流するため大きく迂回して行進し、エパミノンダスは一機動縦隊をもってスパルタ市に対し突如夜襲をかけようとしたが、味方からの逃亡者がスパルタ軍に対し、スパルタ市へ急ぎ帰るよう警告し、それが間に合ったため、エパミノンダスの企図は裏をかかれてしまった。そこで彼は戦闘によって決着をつけようと決心し、テゲアから約十二マイル離れたマンティネアに向かい、砂時計型の渓谷に沿って前進した。敵はその砂時計のくびれにあたる幅一マイルの隘路に強固な陣地を築いた。

エパミノンダスのこの前進について考えるとき、われわれはどこまでが戦略でどこからが戦術であるかを考えさせられる。しかしこの事例では、戦略と戦術を恣意的に区分するのは誤りである。彼のマンティネアにおける勝利の根源は、敵との実際の接触に対するエパミノンダスの間接的アプローチのうちに見出されるべきであることを考えればなおさらのことである。最初エパミノンダスは、敵の陣営に向かって直進し、敵が彼の接近線――当然予想される線に面して戦闘隊形をとるようにさせた。しかし敵との距離が数マイルに迫ったとき、彼は突如方向を左に変え、突起した地形の下にまわり込んだ。この奇襲的な機動が敵に脅威を与え、その右翼に縦射行動をとらせることになった。エパミノンダスはさらに敵の戦闘配備を攪乱するために、あたかもその場所で野営に入るかのように部隊を停止させて武器を地上に置かせた。この計略は成功した。敵は誘われて戦闘隊形を解き、部隊を解散させ、馬の鞍を降ろさせた。この間に、エパミノンダスは軽武装部隊の隠蔽の背後で、レウクトラの戦いの場合と同様であるが、それよりも改善された戦闘配備を実際に完成しつつあった。合図とともにテーベ軍は武器を手に取り、それまでにすでに均衡を攪乱して確実にしていた勝利を求めてすばやく前進した。エパミノンダス自身は勝利の瞬間に戦死したが、彼の死は、軍および国家が、その頭脳が麻痺することによって、いかに速やかに崩壊するものであるかを、劇的にかつ明白な証拠として示すことにより、後の世代に少なからざる教訓を残した。

次の決定的な作戦は、二十年以上後の作戦で、これによってギリシャの主導権がマケドニアに譲渡される契機となった。これは重大な結果をもたらしたため意義深い出来事であった。この作戦は紀元前三三八年に起こり、政策と戦略とがいかに相互に助け合うものであるか、また戦略がいかに地形的障害の不利を有利に変えるかを示した好例であった。その挑戦者はひとりのギリシャ人ではあるが、ギリシャ社会にとっては「よそ者」であった。一方、テーベとアテナイは、マケドニアという新興勢力に対抗するため汎ギリシャ連盟を結成すべく力を合わせていた。両国はペルシア王を、外国人ではあるが支援者であると考えていた。これは過去の歴史と人間の本性から考えて奇妙なことであった。もう一度繰り返すが、その挑戦者（フィリッポス王）は「間接的アプローチ」の価値をよく理解していたと思われる。ギリシャの指導権を確保しようとするマケドニアのフィリッポス王の口実でさえ、間接的なものであった。というのは、フィリッポス王は、西部ボイオーティアにあったアンフィッサ国に、「神に対する不敬の罪」によって科する懲罰の実施に手を貸してもらいたいと、アンフィクチオン会（ギリシャの同盟諸都市の相互の利益を守るための会議）から依頼されただけだったからである。おそらくフィリッポス王はこの依頼の実行を促進したに違いない。そうすることがテーベとアテナイの結束を強めさせたであろうが、しかし、少なくとも他の諸国がマケドニアに対して好意的中立の態度に出ることを確実にしたのである。

フィリッポス王の軍は、南進の後、突然シティニアムでアンフィッサへの進路――当然予想される経路――をそれて進み、エラテアを占領し、それを固守した。この最初の方向転換は、彼の政治的目的の幅の広さを予知させるものであった。と同時にそれは事態の成り行きを見定めようとする戦略的動機を示すものであった。テーベとボイオーティア同盟は、ボイオーティアへ入るための山道を固めた。その山道はシティニアムからアンフィッサへ通じる西方ルートと、エラテアからカイロネイアへ通じるパラポタミの東部の山道のふたつであった。Lの字にたとえていえば、前者はその縦の線に似ており、後者はLの字の横の線に似ていて、そのルートがカイロネイアまで延びている部分はL字の横の線の先にある「はね」にあたるものであった。

さらに軍事行動を開始する前に、フィリッポス王は敵を政治的に弱めるための新たな手段を講じた。それは、以前にテーベによって離散させられたフォキス共同体の再建を推進し、自らがデルポイの神の精神的擁護者であることを宣言することであった。

その後紀元前三三八年の春、フィリッポス王は策略を使って進路を切り開いた後、突如として行動を起こした。以前のエラテアの占領によって、東方ルート（これは敵の当然予期する線となっていた）へ敵の戦略的関心を引きつけていたが、彼は今度は西方ルートを阻止している敵の部隊の手に、彼がトラキアへ帰ったことを知らせる書状がとどくよう処置して、その部隊の戦術的関心をそらした。彼はシティニアムから迅速に行動し、その部隊の守る山道を夜間に通過し、西部ボイオーティテアのアンフィッサへ進出した。彼はナウパクタスに圧迫を加えながら、海上への自軍の交通路を開いた。

　彼は今や、ある距離を隔ててはいたが、東方ルート上の山道防御部隊の背後に進出していた。そこで敵の防御部隊はパラポタミから退却した。たとえそこにとどまっていたとしても、退却路が遮断されるだけでなく、そこにとどまることの明白な価値がなかったからである。しかしながらフィリッポスは、さらにもう一度敵の当然予想すべき線をそれて、別の間接的アプローチを行なった。アンフィッサから東進すれば、敵の抵抗を容易にする丘陵地帯があるため、彼は軍を反転させてシティニアムとエラテアを通過し、その後南転させて今や防御の行なわれていないパラポタミの山道を越え、カイロネイアの敵軍に向かって逆落としに攻撃を加えた。この機動は効果的で、その後の戦闘における彼の勝利を確実にした。そしてその効果は、彼の巧妙な戦術によって完全なものとなった。彼は敵前に道を空けてやることによってアテナイ軍を誘い出し、敵が低地へ前進してきた時機を見計らって反撃に出て、敵の戦線を撃破した。このカイロネイアの戦果によって、マケドニアのギリシャに対する指導権が確立した。

　フィリッポスがその征服をアジアまで延ばすことができるほど、運命は彼に幸いしなかった。そしてフィリッポスが企図していた遠征の実行は彼の息子（アレクサンドロス）の手に残された。息子のアレクサンドロスは父の遺産として、その計画とそのために使用すべき模範的用具——フィリッポスが育成した陸軍[1]を継承しただけでなく、大戦略の概念までも継承した。その他に決定的な物質的価値を持つ先祖伝来の財産としては、紀元前三三六年にフィリッポスの指令により占領したダーダネルス橋頭堡の保有があった。

もしアレクサンドロスの進軍経路を示す地図を検討すれば、一連の鋭角的なジグザグ経路をとっていることがわかる。アレクサンドロスの歴史を研究すれば、その行動の間接性の理由が、戦略的なものというよりもっと次元の高い政治的なものであることが示唆されている。勿論この政治的というのは、大戦略的な意味での政治的ということである。

アレクサンドロスの初期の遠征では、戦略の論理的性格は直接的で巧妙さに欠けていた。その原因は、第一に生まれながらに王位を約束され、勝利に慣れて育った若いアレクサンドロスには、他のいかなる歴史上の偉大な英雄[2]よりもホメロス的英雄に憧れを持ち、そのうえさらにおそらく戦いに先立って敵の戦略的バランスを攪乱する必要を感じないほど、自分の軍と自分の戦闘指揮能力の優越性に自信を持っていたことによるものと思われる。後世に対する彼の教訓は、大戦略と戦術という二本の柱として残されている。

アレクサンドロスは、紀元前三三四年春にダーダネルスの東岸を発って、まず南進してグラニカス川にあったペルシア軍の掩護部隊を撃破した。ここで敵は槍を装備した騎兵隊の重圧と勢いに打ちのめされた。しかし、ペルシア軍が集中して対抗し、勇気にはやるアレクサンドロスを殺すことができたら、ペルシア軍は最初の段階で侵攻を麻痺させるだろうと考えるだけの洞察力は持っていた。ペルシア軍は惜しいところで侵攻を麻痺させるという目的の達成に失敗した。

次にアレクサンドロスは、リュディアの政治経済の要点のサルディスの南へ進軍して、エフェソスの西へ進んだ。そこでギリシャの都市の以前の民主政治と諸権利を復活させた。それは最も経済的なやり方で自軍の後方を安全にする手段であった。

今や彼はエーゲ海沿岸へ戻ってきた。そして沿岸に沿ってまず南進し、続いて東進、その間カリア、リュキア、パンフィリアを通過した。このアプローチにおける彼の目的は、ペルシア艦隊の基地を奪取することによってペルシア艦隊の行動の自由を奪い、ペルシアの制海権を攪乱することであった。同時に、これらの港湾を解放し、艦隊に徴集された多くの人的資源を奪取することであった。

パンフィリアから先の小アジア沿岸域には事実上港湾がなかった。このためアレクサンドロスは再び北進してフリジアに向かい、アンキラ（現代のアンカラ）に至るまで東進した。この間、小アジア中央部における自軍の拠点を固め、後方の安全を確保した。その後紀元三三三年に、アレクサンドロスはシリアに通ずる直進路上の「キリキア門」（トルコ南部のタウルス山脈の山道）を経て南に向かった。シリアではペルシアのダリウス三世が、アレクサンドロスを迎え撃つため兵力を集結中であった。そこでアレクサンドロスは、自軍の情報活動の失敗と、ペルシア側が平原で自分の軍を待っているであろうという誤った予想とのために、戦略的機動という点でペルシア軍に敗れた。アレクサンドロスが直接的アプローチをとったのに対して、ダリウスは間接的アプローチをとってユーフラテス川のはるか上流へ移動し、「アマンの関門」を通ってアレクサンドロスの背後に迫った。それまで一連の基地群の確保に慎重を期していたアレクサンドロスは、今やそれら基地群と自軍との間を遮断されるのを認めた。しかし、彼は反転して自分の戦術的道具としての軍と、自分のすぐれた戦術によって、その困難な状況から脱出した。いかなる名将も、戦術面での間接的アプローチの意外性を彼以上に巧みに利用したものはなかった。

その後彼はペルシア勢力の心臓部であるバビロンにつき進むことなく、再びシリア沿岸に沿って間接的経路をとった。大戦略が明らかに彼の進軍経路を規制していた。というのは、アレクサンドロスはペルシアの制海権を攪乱はしていたけれども、まだそれを撃破してはいなかったからである。ペルシアの制海権が存在する限り、それは彼自身の背後に脅威を与える手段となるであろうし、ギリシャ、特にアテナイは不愉快にも何らの動きも見せなかった。アレクサンドロスのフェニキアへの前進はペルシア艦隊を崩壊させたが、それは残存していたのが主にフェニキアの艦隊だけだったからである。フェニキアの艦隊の大部分が彼の麾下《きか》に置かれ、ティルス（フェニキアの海港）の陥落とともに、ティルスに残っていた艦隊の一部も彼の手に落ちた。その後においてもなお彼は南進してエジプトへ入ったが、その行動は用心深い、念の入った予防的措置というほかはないもので、海軍戦理から説明するのは困難である。しかしながら、彼がペルシア帝国を占領し、その代わりに自分の帝国を強固にするという、彼の政治的目的に照らして考えると、それは英知に富んだものであることがわかる。この目的から考えると、エジプトはきわめて大きな経済的資産であった。

紀元前三三一年に、アレクサンドロスはついに再びアレッポに向かって北進してから東へ向きを変え、ユーフラテス川を渡河してチグリス川の上流へ軍を進めた。ニネヴェ（現代のモスル）の近くでは、ダリウスは大規模な新しい軍を集結させていた。アレクサンドロスは戦闘に熱意を燃やしていたが、彼のとったアプローチは間接的なものであった。彼はチグリス川の上流で渡河して東岸を南下し、ダリウスに陣地変換を余儀なくさせた。ガウガメラ（アルベラの戦いと呼ばれる有名なアルベラから最も近い都市であるが、六十マイルも離れていた）で再び戦闘が行なわれ、アレクサンドロスと彼の軍は、進軍の途上で敵に対する完全な優勢を示し、彼の大戦略という目標にとって敵は何ら重大な障害とはならないことを示した。

アレクサンドロスがインドの国境に到達するまでの、その後の彼の遠征は、軍事的にはペルシア帝国の「掃蕩《そうとう》」であるが、政治的には彼自身の帝国の地固めであった。彼はウクシアの隘路とペルシアの「関門」を間接的アプローチによって強行通過した。彼はヒュダスペス川でポーラスと対峙したときには、間接的アプローチの傑作ともいうべきものを生み出した。これはアレクサンドロス自身の戦略的能力の成熟を示したものであった。彼は穀物の備蓄を仕入れるとともに麾下の軍を川の西岸に分散して、自分の意図を敵に秘匿した。アレクサンドロスの騎兵部隊がわざと騒々しい前進後退を繰り返してポーラス側の気をもませ、次いでさらにそれを反復して敵の反応を鈍化させた。こうしてポーラスの軍を一定の静的状態に固定させてから、自軍の相当な兵力を敵前にとどめておき、アレクサンドロス自身は精鋭な一部隊を率いてその十八マイル上流で夜間渡河を実施した。彼はこの間接的アプローチの奇襲によって、ポーラス自身の思考と心理のバランスを攪乱するとともに、ポーラス軍の士気および物質上のバランスを攪乱した。アレクサンドロスはその後続いて起こった戦闘で、自軍の一部をもって敵軍のほとんど全部を撃破することができた。もしその準備行動として攪乱を起こさなかったとしたら、アレクサンドロスが、自軍の孤立した一部を各個撃破の危険に曝したことに対しては、理論的にも実際的にも妥当性は認められなかったであろう。

アレクサンドロスの死後、その帝国をばらばらに分裂させた彼の「後継者」たちの行なった長期にわたる戦争では、間接的アプローチおよびその価値を示す数多くの事例がある。アレクサンドロス麾下の将軍たちは、ナポレオン麾下の元帥たちよりも有能であり、彼らは経験によって兵力の経済的使用の意義を深く理解していた。彼らの行なった多くの作戦はそれ自体研究する価値があるが、私の現在の分析は古代史における決定的作戦に限定されており、この「ディアドコイ戦争」のうち、紀元前三〇一年に行なわれた最後の戦いだけが決戦の名に値するものである。この最終戦を決戦であると主張することには異論をさしはさむ余地はないが、それは『ケンブリッジ版古代史』の慎重な表現によれば「この最終戦によって中央勢力と王朝の子孫らとの抗争が終結し、ギリシャ・マケドニア世界の分裂が避けられなくなった」からである。

アレクサンドロスの地位の継承を主張したアンティゴノスは紀元前三〇二年までには、同帝国を自分のものにするという目標を達成しようとしていた。彼はフリギアの総督から次第に勢力を拡大し、エーゲ海からユーフラテス川にかけてのアジアの支配権を獲得した。セレウコスはアンティゴノスに対抗して、困難を冒しつつバビロンに拠点を確保した。プトレマイオスはひとりエジプトにとどまっていた。リュシマコスはトラキアでその地位を安全に確保していた。カッサンドロスは最も手ごわい将軍で、ほとんど実現直前のアンティゴノスの夢に対抗する存在であり、アンティゴノスの息子のデメトリオス――多くの点でアレクサンドロスに性格が似ていた――によってギリシャから駆逐されていた。カッサンドロスは無条件降伏を呼びかけられ、戦略的天才を現わすような反撃を行なってそれに対抗した。その作戦計画はリュシマコスと合議して調整が行なわれ、プトレマイオスの援助が求められたので、彼はアラビア砂漠を横断するラクダで伝書を送り、セレウコスと連絡をとった。

評判の高い五万七千の精鋭兵力をもってテッサリアへ侵攻しようとするデメトリオスに対抗して、カッサンドロスはわずか三万一千の兵力を保有するだけで、残りの兵力はリュシマコスに貸与していた。リュシマコスはダーダネルス海峡を東に向かって越え、セレウコスは小アジアへ向かって西進したが、彼の軍にはインドから手に入れた五百頭の戦象が加わっていた。プトレマイオスは北進してシリアに入ったが、リュシマコスが敗れたとの偽情報を信じてエジプトへ帰還した。それにもかかわらず、アンティゴノスの帝国の心臓部へ向かってふたつの方向から行なった分進攻撃を目的とする前進が、アンティゴノスを不安に陥いれ、デメトリウスをテッサリアから急遽呼び戻させた。テッサリアではカッサンドロスがデメトリウスを寄せつけず、ついにカッサンドロスは小アジアにあるデメトリウスの戦略的後方に対して間接的運動を行ない、それによってデメトリウスに手を引かせるところまでいった。——これは後にスキピオがカッサンドロスと基本的に同じような行動をとって、ハンニバルをアフリカへ帰らざるをえなくしたのと同じような戦例である。

フリジアのイプソスの戦闘におけるカッサンドロスの戦略は、彼の協力者の決定的な戦術的勝利によって完全なものとなった。この勝利はアンティゴノスの死をもって終わり、デメトリウスは逃亡した。この戦闘では、戦象が決定的な兵器となったこと、そしてそれに見合うかのように勝者の戦術が本質的に間接的なものであったことは注目すべき価値がある。カッサンドロス側の騎兵部隊が、デメトリウス側の激しい追撃を受けて戦場から姿を消すと、カッサンドロス側の戦象群が現われて、デメトリウスの戦場復帰の道を遮断した。その後においても、リュシマコスはアンティゴノスの歩兵部隊を攻撃せずに、攻撃するぞという威嚇と火矢によって敵の士気を喪失させ、敵の部隊の崩壊が始まるまでそれを続けた。その後でセレウコスはアンティゴノス自身が立っている地点へ突撃を加えた。

この作戦が始まった時点では、戦勢はアンティゴノス側に著しく有利であった。運命のバランスがこのように劇的に変化することはまれなことである。アンティゴノス側のバランスが、カッサンドロスが計画した間接的アプローチによってひっくり返されたとは明らかであろう。これによってアンティゴノスの思考のバランスが撹乱され、続いて彼の部下と部隊の士気のバランスが撹乱され、軍の配備上の物理的バランスが撹乱されたのである。

(1) マケドニア王フィリッポスは、青年時代の三年間を、人質としてテーベで過ごした。当時テーベはエパミノンダスの権勢が最高潮に達していた。その時期にフィリッポスが受けた強い印象が、後にマケドニア軍の戦術に明らかに影響を与えていることがわかる。
(2) アレクサンドロスは、アジア侵攻への出発にあたって、ホメロスのトロイ遠征の故事をロマンティックに再演した。彼の軍がダーダネルス海峡の渡海を待っている間に、アレクサンドロスは選抜された一部隊を自ら連れてイリウム（古代トロイのラテン語名）に上陸した。イリウムは古代ギリシャ人たちが、トロイ戦争で船団を繋留したと考えられる場所である。彼はもともとの都市があった場所へ向かって前進し、そこでアテナ神の神殿に生けにえを捧げ、模擬戦を行ない、自分の祖先であると考えていた有名なアキレウスの墓で演説を行なった。彼はこれらの象徴的な行事を執り行なってから、いよいよ遠征を行なうため麾下部隊のところへ帰っていった。

第3章 ローマ時代の戦争

ハンニバル、スキピオ、およびカエサル

その結果と、それがヨーロッパの歴史に与えた影響という点で決定的な意味を持つ次の紛争は、ローマとカルタゴの間で行なわれた闘争であった。この闘争では、ハンニバル戦争（第二次ポエニ戦争）が決着の時期を迎えていた。この時期は一連の戦闘の局面や戦争に分けられるが、いずれも戦争の成り行きを新しい方向へ変えたという点で決定的なものであった。

その最初の局面は、紀元前二一八年にハンニバルがスペインからアルプス、イタリアへ向かって前進したことによって開始された。翌年春のトラシメヌス湖（イタリア中部）の戦いで、ハンニバルが殲滅的勝利を収めたことが、第一局面の自然的終結の時点であると思われる。このハンニバルの勝利によって、ローマは城壁と守備隊によって守られている以外は、ほとんど無防備の状態になり、もしハンニバルが直ちに前進すれば、ローマに突入できたであろう。

ハンニバルが、最初に直接海路をとることよりも、陸上を迂回する困難なルートをとった理由として、予想されるローマの制海権を挙げるのが普通であるが、制海権という近代的な解釈を、当時

のように船が非常に原始的で、海上で敵を迎撃する能力がきわめて低い時代にあてはめて使うことは不合理である。さらに、そのような制約があったことは別にして、当時ローマが海上で軍事的に優越していたかどうかは疑わしい、とポリビュオスがのべている事実がある。これはトラシメヌスの戦いのことをのべたもので、ポリビュオスはローマの元老院が、カルタゴがこれ以上完全に海上を支配することがないようにしたいと憂慮していたことに言及している。ハンニバル戦争の終結段階でローマ側が海上で繰り返し勝利し、カルタゴ艦隊からスペインにあるすべての基地を奪い、アフリカに拠点を確保した後においてさえ、ローマ側は、カルタゴのマーゴがジェノバのリヴィエラ海岸に遠征軍を上陸さることも、ハンニバルが整然とアフリカへ帰航することも阻止する力はなかった。ハンニバルが間接的な陸路をとる侵攻を行なったのは、ローマに対して北イタリアのケルト族を結集させる目的によると考えるほうがあたっていると思われる。

次に、われわれはこの陸上の進軍の持つ間接的効果と、それによって得られる利益についても注目すべきである。ローマ側はローヌ川でハンニバルの進路を阻止するために、執政官のプブリウス・スキピオ（アフリカヌスの父）をマルセイユへ派遣した。しかしながらハンニバルは、この恐るべき川の、予想もつかないほどの上流点で渡河しただけでなく、リヴィエラ付近のまっすぐに延びているが阻止されやすいルートをとらずに、イ・ゼール川渓谷までさらに遠まわりのけわしい道を通って北方へとまわり込んだ。ポリュビオスはのべている。「父スキピオが三日後に渡河地点に到着したとき、彼は敵が渡河して去ってしまっていたので驚いた。というのは、彼は敵がイタリアへ進入するために、この北側のルートをとるような冒険はしないだろうと確信していたからである」。即座に決心し迅速な運動により、自軍の一部を後に残して、父スキピオは、ロンバルディアの平原でのハンニバルとの対決に間に合わせるべく、海路イタリアへ戻った。ティチーノ河畔と、トレビアでの勝利はその結果であり、それが与えた精神的効果によりハンニバルは、新兵補充と物資の補給が「きわめて豊富に」なった。

北部イタリアの支配者となったハンニバルはそこで越冬した。次の春にハンニバルがさらに前進してくることを予想して、新たにふたりの執政官がそれぞれ軍を率いてハンニバルのローマへの接近を迎え撃つことになった。ひとりはアドリア海沿岸のアリミナム（リミニ）へ、もうひとりはエトルリアのアレティウム（アレッツォ）へ進出し、それぞれハンニバルがローマへ向かうと予想される東方ルートと西方ルートを扼《やく》することになった。ハンニバルはエトルリアを通るルートをとる決心をしたが、通常使われているルートのうちのひとつを通らないで、徹底的な調査をし、それによって「彼はエトルリアへ通じるほかのルートは、距離が長く敵によく知られているのに対して、湿地帯を抜けるルートは距離が短く、フラミニウスに奇襲をかけ得ることを確かめた。このルートは彼の特異な才能にふさわしいルートであったので、彼はそのルートをとることにした。しかし、司令官が湿地帯を通過しようとしているという噂が自軍内に拡まったときには、兵士の誰もが警戒心を抱いた」（ポリュビオス）。

普通の軍人はいつも未知のものより既知のものを好むものである。ハンニバルは異常な将帥であった。それゆえに彼は他の偉大な将帥たちと同じように、自分たち自身が選んだ布陣の態勢で敵と対決することの確実さよりも、最も困難な状況に直面することを選んだのである。

ハンニバル軍は疲労と睡眠不足に悩まされながら四日三晩にわたって水に漬かったルートを行進した。その間に多くの兵士と馬匹《ばひつ》を失った。その前進が終わりに近づいたとき、ハンニバルはローマ軍がアレティウムで依然として消極的な態勢で野営を続けていることを知った。ハンニバルはそのとき直接攻撃の企図を全く持たなかった。そのかわり、ポリュビオスが言うように、「ハンニバルは、もし敵陣を通り越して、その先の地区に攻め下ったならば、フラミニウスは、ひとつには世論の非難を恐れて、またひとつには個人的ないら立ちから、国土の惨害を傍観していることができず、自然とハンニバル追撃に移り、それがハンニバルに攻撃の機会を与えることになるだろうと計算していた」。（ポリュビオス）

これは敵の指揮官の性格についての調査検討に基づいて行なう「敵の背後に対する機動」を、心理面に応用したものであった。この心理的応用動作は、物質的な面でも行なわれた。ハンニバルはローマへ通じる通路に沿って圧迫を加えながら、一方で史上最大規模の待ち伏せ攻撃を準備し、それを達成した。翌日の朝靄の中で、ローマ軍はトラシメヌス湖と丘陵に囲まれた地区に沿ってハンニバル軍を激しく追撃しているさなかに、前面と背後からの待ち伏せ攻撃による奇襲を受けて殲滅された。勝利を記憶している歴史の読者も、その勝利を可能にした精神面への攻撃という点を見のがしやすい。しかし、ポリュビオスは熟考により次のような基本的な教訓を明らかにした。「船が舵手を奪取されたら、乗組員全員が敵の手中に陥るのと同様に、戦っている軍隊についても、その将帥の裏をかき、機動性でその将帥に勝《まさ》っていれば、敵軍全体を自分の手中に収めることができるであろう」。

トラシメヌスの戦勝後、なぜハンニバルはローマに向かって進軍しなかったかは歴史の謎のひとつである。それに対するあらゆる答えは単なる推測にすぎない。ローマを攻囲するのに適した攻城砲列を持っていなかったことは、明らかにひとつの理由であるが、それだけでは完全に説明したことにはならないであろう。ただわれわれが確実に知りうることは、ハンニバルがその後数年間にわたって、イタリアの同盟諸国に対するローマの締め付けを解き、それら同盟国をローマに反対する連合態勢に組み込もうとしたことだけである。ハンニバルの勝利は、この目的のための精神的刺戟にすぎなかった。もしハンニバルが、自軍の優勢な騎兵部隊に適した状況のもとで戦闘を行なうことができれば、ハンニバルの戦術上の有利性はいつでも確保されていたのである。

第二の局面はローマ側の一種の間接的アプローチをもって幕が開いた。この間接的アプローチは、ローマ的性格というよりもギリシャ的性格をもったものであり、後代になってその模倣方式に対し「フェビアン戦略」という一般的名称を与えることになった。しかしその後の模倣の多くは悪しき模倣であった。ファビウスの戦略は、単に時間稼ぎのために戦闘を回避するだけでなく、敵の精神に対する影響と、さらにそのうえ潜在的同盟諸国に対する精神的影響をも考慮に入れたものであった。こうしてフェビアン戦略は本来戦争政策ないしは大戦略の問題であった。ファビウスはハンニバルの軍事的優越を十分に認識していたので、軍事的決定を危険に曝すことはできなかった。ファビウスは戦闘の回避を模索しつつ、侵略者側の忍耐力を摩滅させるために、相手の軍事力をちくりちくりと刺すことを狙うと同時に、ハンニバル側の兵力がイタリアの諸都市やカルタゴの基地から徴集されることを阻止しようとするものであった。この大戦略を遂行するうえでの基本的条件は、ローマ軍が、ハンニバルの騎兵部隊の決定的な優位性を無効にするように、常に丘陵地を確保しなければならないということであった。こうしてこの第二局面は、ハンニバルの間接的アプローチとファビウスのそれとの対決となったのである。

ファビウスは敵の近傍に出没し、敵の落伍兵や徴発隊《ちょうはつ》を孤立させ、敵が永久基地を確保することを阻止することにより、ハンニバルの勝利の前進がかもし出す魔力をかき消しながら、地平線上に現われるつかまえどころのない影のような存在であり続けた。こうしてファビウスは敗北を免れることによって、ハンニバルの勝利がローマ側のイタリア同盟諸国の心理に与えた影響を無効にし、それら諸国がカルタゴ側へ寝返りするのを阻止した。このようなゲリラ型の作戦はまた、ローマ部隊の士気をよみがえらせる一方、本国から遠く離れて冒険を行なってきたカルタゴ軍を意気沮喪させ、彼らに早期決戦が必要なことを痛感させた。しかし、消耗戦は両刃の剣のようなもので、敵味方双方を傷つけるものであって、それをうまく使ってもその使い手を緊張させるものである。早期解決を強く願い、早期解決とはいつでも敵の破滅だけを意味すると考えやすい一般大衆にとって、消耗戦は特につらいものである。ローマ国民がハンニバルの勝利によるショックから回復すればするほど、彼らはカルタゴ側に戦力回復のチャンスを与えてきたファビウスの措置が果たして賢明だったのかどうかを、ますます疑うようになった。そのように考えるうっ積した疑念は、ファビウスを臆病で積極性に乏しいと批判する軍内部の短気な野心家たちによって煽り立てられた。これが、ファビウスの直属最高の部下で、ファビウスの主要な批評者であるミヌキウスを共同臨時執政官として指名するという、前例のない措置をとらせることになった。そこでハンニバルはミヌキウスを罠に陥《おとしい》れる好機を摑んだが、ミヌキウスはファビウスの迅速な介入によってかろうじて救われた。

この結果、ファビウスに対する批判はしばらくの間静まった。しかし、ファビウスの六か月の任期が終了したとき、彼の再任も、その政策も継続が望まれるほどの人気はなかった。執政官の選挙で、ふたりの定員のうちのひとりに選ばれたのは気性の激しい、無知なウァロであり、彼は以前ミヌキウスを裏で操っていた人物であった。さらに元老院は、ハンニバルと交戦すべきであるという決議を通過させた。この決議の根拠は、イタリアが被っている荒廃にあり、紀元前二一六年の作戦のために八個軍団という、ローマがそれまでに配備したうちで最大規模の軍を徴集するという措置によって裏付けられていた。しかしローマ側は、攻撃精神と判断力とのバランスがとれていない、ひとりの指導者を選出しようとしていた。

もうひとりの執政官パウルスは、有利な時機を待って軍の機動を行なうことを望んだが、そのような慎重さはウァロの考え方とは調和しなかった。「戦場で歩哨を配置する軍人についての話ではなく、戦場で剣を揮《ふる》う話が聞きたいのだ」というのがウァロの考えであり、世論の求めるところでもあり、それはいつでもどこでも、敵を見つけさえすれば攻撃することであった。その結果、ウァロはハンニバルに戦闘を仕掛ける最初の機会を見出した。その場所はカンナエの平原であった。パウルスが、ローマ側はハンニバルを歩兵の行動にもっと適した場所へ誘導するよう試みるべきであると主張したとき、ウァロは敵と間近に接触するまで前進する間、パウルスと一日おきに軍を指揮するという方式をとった。翌日、パウルスはハンニバル軍が補給不足のため撤退せざるをえなくなると計算して、自軍を塹壕で固めた野営地に駐留させておいたとき、(ポリュビオスの説明によれば）ヴァロは「以前にも増して交戦意欲を燃え立たせた」。そのような考えは自軍の遅滞にいら立った軍内の多数の者が共通に抱いていた。「人間にとって、未決による不安以上に耐えがたいものはない。物事がひとたび決定されれば、たとえそれがどんな形の悪い事態であろうと、人間はその不運を耐えしのぶことができるのだから」。

翌朝、ヴァロは戦闘――ハンニバルが望む形の戦闘――を仕掛けるため自軍を野営地から出動させた。慣例に従って両軍の歩兵部隊が中央に、騎兵部隊が両翼に配置された。しかし、ハンニバルの部隊配置は、細かな点で従来の方式と違っていた。ハンニバルはゴール族とスペイン人の部隊を前方に突き出して歩兵部隊の隊列の中央部を構成し、一方、それぞれの隊列の末端にアフリカ歩兵集団を控置《こうち》した。こうして、ゴール人部隊とスペイン人部隊が、ローマの歩兵部隊に対して自然の磁石の役割を果たしつつ企図に従ってわざと押し返され、そのためハンニバルの歩兵部隊の線列は両端が出っ張って、中央部が引っこんだ凹型の線を構成した。ローマの軍団は、その見かけ上の成功に興奮してハンニバル軍の中央部の凹部の中へ押し込んでいったので、ローマ軍団の混雑がますますひどくなり、最後にはほとんど武器を使用することもできないようになった。ローマ軍団はカルタゴの戦線を突破していると思ったが、実際にはカルタゴ軍の袋の中へ突っ込んでいたのである。それはハンニバルの指揮するアフリカ精鋭部隊が、この時機をとらえて両側から内側へ向かって旋回し、混乱状態になったローマ軍団を自動的に包囲する結果になったからである。

この機動は、サラミスの海戦に似た状況と包囲態勢を、よりよく計算された形で作り出したものであった。それは本質的に間接的アプローチに基づいたものなのである。

その間に、左翼にあったハンニバルの重装騎兵部隊は対向していたローマ騎兵部隊の戦線を突破して、ローマ軍の背後を掃蕩し、敵の反対側の翼側にいた騎兵部隊を駆逐した。この騎兵部隊は、それまでは捕捉しにくいカルタゴ側のヌミディア騎兵によって牽制《けんせい》されていた。ハンニバルの重装騎兵部隊は、駆逐した敵に対する追撃をヌミディア騎兵部隊にまかせた後、ローマ歩兵部隊の背後へ突入して最後の一撃を加えた。ローマの歩兵部隊はそれ以前にすでに三方から包囲され混雑をきわめていて、効果的な抵抗ができなかった。それ以降、戦闘は大殺戮と化した。ポリュビオスによればローマ軍七万六千のうち七万が戦死したといわれる。その中にはパウルスが含まれていた。一方、ウァロが自分の引き起こした部隊の大崩壊から自ら逃げ去ったことは皮肉なことであった。

カンナエの惨敗は一時的にイタリア連合を崩壊させたが、ローマ自体を崩壊させることはできなかった。ローマでは、ファビウスが抵抗を継続するために国民を結集させようと努力した。その後のローマの復興は、どんなに犠牲を払おうとも、「回避の戦略」を追求していくことに示された、理にかなった解決策と忍耐力に負うところが大きかった。だがまた、その復興を助けたのは、ハンニバルがローマを攻囲するための十分な装備と増援兵力を持たなかったことと、ハンニバルが「原始的に組織された国」としてのローマに対する侵攻者の立場にあったことである（スキピオが後日アフリカへの逆侵攻をもって報復したとき、彼はカルタゴがローマよりも高度に発達した経済機構を持っていることが、自分の決戦目的にとっては有利であることを知った）。

戦争の第二の局面は、別の形の間接的アプローチの戦略によって、紀元前二〇七年に終結した。そのとき執政官ネロは、ハンニバルと対峙している自軍の陣地からこっそり抜け出し、北部イタリアへ自軍を率いて到着したばかりのハンニバルの弟に対して、強行軍によって兵力を集結した。ネロがこのハンニバルの弟の軍をメタウロ川で撃破し、ハンニバルは勝利を得るのに十分な増援兵力の到着を期待していた。またネロは、ハンニバルがネロの軍がいなくなっていたことに気づく前に、ハンニバルと対峙する陣地へ戻ってしまっていた。

その後、イタリアでは膠着状態が続いた。これが第三の局面である。五年間にわたって、ハンニバルはイタリア南部で動きがとれなくなった。ローマの将軍たちは、ライオンのねぐら（カルタゴ軍の陣地）にあまりにも直接的なアプローチを行なうことにより傷を負い、その傷を癒すために次々と引退していった。

その間に、プブリウス・スキピオ（息子）は、紀元前二一〇年にスペインへ派遣されていたが、彼は父と叔父の指揮する軍がスペインで被った大敗を償うため必死の冒険を行なった。プブリウス・スキピオは、父と叔父の死の復讐をし、できれば、スペイン国内のはるかに優勢なカルタゴ軍に対抗して、スペイン北東部にある貧弱なローマ軍の根拠地を維持しようとした。迅速な行動、すぐれた戦術、巧みな外交によって、スキピオは防勢目的を（たとえ間接的であっても）、カルタゴとハンニバルに対する攻勢的な衝撃へと転換した。それは、スペインがハンニバルにとっては真の戦略的策源であったからである。ハンニバルはスペインで自軍を訓練し、そこからの増援兵力の到着を待ち受けていた。スキピオは奇襲と戦闘のタイミングを巧みに結びつけて、まずカルタゴ軍から（スペインにおけるカルタゴ軍の主要基地である）カルタヘナを奪取した。これはカルタゴ側からその同盟諸国を奪い、彼らの軍隊を打倒するための序曲であった。

紀元前二〇五年にイタリアへ帰還して執政官に選出されたスキピオは、第二の決戦的間接的アプローチを準備していた。これは彼が長い間心に抱いてきた戦略で、ハンニバルの後方に対する間接的アプローチであった。今や年老いて、静かな心境にあったファビウスは、スキピオの任務は、イタリアでハンニバルを攻撃することであると主張し、次のような正統的な考え方を表明していたといわれる。「なぜ君は正統的な戦略を適用しないのか。アフリカへ渡って、そこへハンニバルを引き寄せようという、まわり道の方策を追求するよりも、ハンニバルが現在いるところへ向かって、なぜ直路前進して戦いを遂行しないのか」。

スキピオは元老院から、アフリカへ渡る許可をかろうじて得たが、部隊を徴募することは認められなかった。そのため、彼はわずか七千名の志願兵と不名誉な二個軍団を率いて、紀元前二〇四年春に遠征の途についた。このふたつの軍団は、カンナエの戦いでの敗戦の責任を負わされて左遷され、シシリー島で守備隊の任務に就いていた。アフリカへ上陸したとき、スキピオは、直ちに使えるたったひとつのカルタゴ軍の騎兵隊に遭遇しただけであった。彼は巧妙な逐次退却によってその騎兵隊を罠におびき寄せてこれを撃破した。これによって、スキピオは自軍の陣地を固める時間を得ただけでなく、一種の精神的効果を生み出した。その効果は、本国政府がそれまで以上に寛大に彼を支援するよう誘導する一方、最も強力なシファックスを除いて、アフリカのカルタゴ同盟諸国に対するカルタゴの締め付けに動揺を与えることになった。

そこでスキピオは、自軍の基地として使うためウティカ港を確保しようとしたが、以前カルタへナの奪取に成功したように迅速にそれを手に入れようとする企図は失敗した。カルタゴ側のハスドルバル・ギスコが強化育成中の新カルタゴ軍を増援するために、シファックス国が六万の軍を登場させたため、スキピオはウティカ攻囲開始の六週間後にその企図を放棄せざるをえなくなった。

自軍に比べて、質においてはともかく、数的に非常に優勢な敵の連合軍の接近に対して、スキピオは後退して小さな半島に立てこもり、そこに後世のウェリントンのトレスヴェダルス（リスボンの北）の防衛線の原型のような陣地を構築した。ここで彼はまず、自軍の指揮官たちに安心感を与えてから、ウティカに対する海上からの見せかけの襲撃準備によって敵の注意をそらし、最後に敵のふたつの野営地へ夜襲をかけた。

この奇襲による敵の士気の沮喪と組織の攪乱の効果は、秩序が比較的ゆるんでいた野営地を最初に攻撃するというスキピオの巧妙な計算によってさらに強められた。その野営地では、掘立小屋が陣地のまわりからあふれ出るように固まり、すぐ火のつくような葦や筵《むしろ》がいっぱい散らばっていた。これらの雑然とした掘立小屋への放火により引き起こされた混乱を利用して、ローマ軍は敵の野営地へ潜入することができた。一方、ハスドルバルのカルタゴ軍は、七マイル離れたローマ軍の野営地が日没時には平穏で異常が認められなかったので、発生した火災は偶発的なものと考え、救助のために門を開いて一斉に外へ出た。こうしてカルタゴ軍の野営地の門が開かれたとき、スキピオはカルタゴ軍に対して第二波の攻撃をかけたため、門を破るための犠牲を払わずに、野営地の内部へ入ることができた。敵側の連合軍はいずれも潰走《かいそう》し、全兵力の半分を失ったといわれている。

その作戦行動を振りかえって検討してみると、外見上は戦略から戦術へ移り変わる境界線を越えているように見えても、実際はこの作戦が、「戦略が、戦闘における勝利への道を切り開くだけでなく、戦略は勝利への道そのものを新たに作り出す」ことを示す事例となっていることがわかる。勝利は戦略的アプローチの最後の一幕であるにすぎない。なぜなら、抵抗を伴わない大殺戮は戦闘ではないからである。

流血なしの勝利を手に入れた後、スキピオはカルタゴ軍に向かって直ちに進撃しなかった。なぜだろうか。たとえ歴史がそれに対する明確な答えを与えていないとしても、スキピオのとった行動については、（ハンニバルがトラシメヌスとカンナエの戦いで勝利した後に、ローマへの攻撃を見合わせた場合と比べて）より明確に推論できる根拠が存在するのである。迅速な奇襲攻撃の機会とその有利な見込みがなければ、攻囲はあらゆる作戦行動のうちで最も不経済な行動である。敵が介入する能力のある野戦軍を依然として持っている場合には、攻囲はまた最も危険である。それは攻囲が成功しない限り、攻囲する側は、その敵に対して均衡を失するほど、漸次自軍の力を弱めていくからである。

スキピオはカルタゴ市の城壁だけでなく、ハンニバルの帰還についても考慮しなければならなかった。ハンニバルのカルタゴへの帰還は、実際にスキピオが計算に入れていた事態であった。もしもスキピオが、ハンニバルの帰還する前にカルタゴに降伏を強制できたならば、それは大きな利益となったであろう。しかしカルタゴの降伏は、カルタゴ市の抵抗を、犠牲の少ない方法で、心理的に攪乱することによって行なわなければならず、そのために支払う犠牲は少なくなければならなかった。まだカルタゴ市の城壁を突破もできないうちに、ハンニバルがスキピオ側の背後に攻め下ってくるかもしれないような、兵力の重大な損耗を伴うものであってはならなかった。

スキピオは、カルタゴに対して行動をとることなく、カルタゴの補給担当地域とその同盟諸国との分断を図った。特にシファックスに対しては執拗な追撃を行ない、それを撃滅するために兵力を分割して使用した。この措置は全く妥当なものであった。その結果、スキピオは同盟者マシニッサをヌミディアの王位に復位させることによって、ハンニバル麾下の最も精鋭な騎兵部隊に対抗するための騎兵部隊用資源をヌミディアから確実に得られるようになったのである。

これらの心理的説得の手段を強化するため、スキピオはカルタゴの目と鼻の先にあるチュニスへ前進した。これは恐怖と狼狽によってカルタゴ側をたたく最も効果的手段のひとつであった。それは圧迫という形の間接的方法のうちで最も上位にくる手段であり、それはカルタゴ側の抵抗意思を攪乱するに十分なものであった。その結果、カルタゴはスキピオに和平を請うてきた。しかし、講和条件がローマで批准されるのを待っている間に、カルタゴ側ではハンニバルが帰還し、レプティスに上陸したとの知らせを受け取ったとき、暫定的和平は破れてしまった（紀元前二〇二年）。

こうしてスキピオは、困難かつ危険な立場に立たされることになった。彼はカルタゴ市を攻撃することによって自らの戦力を弱めるようなことはしなかったが、カルタゴがスキピオの和平条件を受け入れた後に、自分の新しい王国を固めるために、マシニッサをヌミディアへ帰してしまっていたからである。このような状況に置かれれば、正統派の将帥なら、ハンニバルがカルタゴに到着するのを阻止するため攻勢に出るか、救援を待って防勢に立つか、いずれかの対処をするであろう。しかし、スキピオのとった経路は、図に描いてみると幻想的に見えるものであった。というのは、もしもハンニバルが上陸したレプティスから直進してカルタゴへ向かう経路をとるとすれば、それを図に描いてみるとVの字を逆さまにして右手で書いた形になり、カルタゴ付近の自軍野営地の守備のため一支隊を残置《ざんち》してスキピオが前進した経路は、逆さにしたVの字を左手で書いた形になるのである。これこそ最も間接的なアプローチである！　しかし、パグラダス渓谷を通るこのルートは、内陸部からカルタゴの主要な補給源の心臓部へスキピオを導き入れるものであった。このルートはまたスキピオが前進すればするほど、緊急要請に応じて駆けつけつつあったマシニッサのヌミディア増援部隊へスキピオを近づけるものであった。

スキピオの行動はその戦略目的を達成した。前述の重要な領土が次々とスキピオによって奪われているという知らせに驚いたカルタゴの元老院は、ハンニバルに伝令を送り、直ちにこの事態に介入してスキピオと交戦するように督励した。ハンニバルは伝令たちに対し、そんなことはスキピオに委《まか》せておくと返事をしていたが、それにもかかわらず、スキピオの作り出した諸条件の強制力によって動かざるをえなくなり、カルタゴへ向かって北進することをやめて、スキピオと会敵するため西に向かって強行前進せざるをえなくなった。こうしてスキピオは、ハンニバルを自ら選んだ地域へ誘い込んだが、この地域ではハンニバルは物資の増援を受けられず、堅固な拠点を欠き、敗北した場合の（カルタゴ付近で戦いが行なわれたときに役立つ）退避拠点をも欠いていた。

スキピオは、敵に戦闘を求めざるをえないように強制し、今やこの心理的優越を十分に活用した。現場にハンニバルが到着するのとほぼ同時にマシニッサがスキピオと合流したとき、スキピオは前進せずに後退し、ハンニバルを戦場に誘い込んだ。その戦場ではカルタゴ側が水の欠乏に悩まされ、またそこは、スキピオが新たに手に入れた騎兵部隊が十分に活躍できる利点を持った平原の中にあった。スキピオは、最初にいわば二枚の勝ち札を手にしていたのである。ザマ（もっと正確にいえばナラガッラ）の戦場でスキピオは、ハンニバルが以前から持っていた騎兵という切り札を戦術的に上まわる切り札を持って決戦に臨むことができた。そしてハンニバルが初めて戦術的敗北に見舞われたとき、初期段階の戦略的な敗北もまた次々とハンニバルを襲うようになった。というのは、ハンニバル側は軍が殲滅される前に、集結できる退避拠点を全く持たなかったからである。ザマにおけるスキピオの戦勝に続いて、カルタゴ市が無血降伏した。

ザマの作戦の結果、ローマは地中海世界における最も優勢な国家となった。ローマへの脅威が再現することがないこともなかったが、ローマの覇権のその後の伸長と、覇権の宗主権への変容は、重大な障害もなく継続された。こうして紀元前二〇二年という年は、古代世界における転換点と、それらの転換の軍事的原因を研究するための、当然の区切りとなっている。ローマの発展拡張も最後には退潮を迎え、その世界帝国は――ひとつには蛮族の圧力によるが、もっと大きな原因としては内部崩壊によって――瓦解した。

ローマが衰退し没落していく間の、ヨーロッパがその古い単色の皮膚を脱ぎ捨てて、新しい多彩な皮膚をまといつつあった数世紀の間に現われた軍事的リーダーシップを研究すると、有益なことが得られるものである。ベリサリウスや、後のビザンティン帝国の将帥たちの場合に見られるように、時には得るものが特に大きい場合もある。しかし全体としては、戦争がどのように決着したかを明確にすることはきわめて困難である。また戦争の転換点は不明瞭で、意図した戦略も判然とせず、残された記録はあまりにも信頼できないため、それらはいずれも科学的推論のための根拠とはなりえない。

しかしながら、ローマの権勢が頂点をきわめる前に、内戦が起こった。この内戦はふたつの理由で検討する価値がある。そのひとつは、この内戦が、もうひとりの将帥の活躍する舞台となったことである。もうひとつの理由は、その後の歴史の方向にきわめて重大な影響を与えたことである。第二次ポエニ戦争が世界をローマに手渡したのとちょうど同じように、紀元前五〇〜四〇年の内戦は、ローマ世界をカエサルに――カエサリズム（独裁君主政治）に手渡したからである。

カエサルが紀元前五〇年十二月にルビコン川を渡ったとき、彼の権勢がおよんでいるのはガリア地方とイリュリクム（ローマの一州）だけであった。これに対して、ポンペイウスはイタリアおよび残りのローマ領を支配下に入れていた。カエサルは九個軍団を持っていたが、直接指揮していたのはラヴェンナ（イタリア北東部）にある一個軍団だけであった。ポンペイウスはイタリアに十個軍団、スペインに七個軍団を持ち、そのうえ多くの分遣部隊を帝国内全域にわたって配置していた。しかし、イタリアの十個軍団は、いずれも軍旗を持った基幹要員がいるだけであった。――そして現に手中にある一個軍団は未動員の二個軍団以上の価値があった。カエサルは自軍のそのような一部を持って南進した軽率な行動を批判されていた。しかし戦争では時間と奇襲が最も重要なふたつの要素である。カエサルの戦略はこれらふたつの要素を評価すること以上に、ポンペイウスの心理を理解することによって律せられていた。

ラヴェンナからローマに至るルートはふたつあった。カエサルはアドリア海沿岸を通る、より長い、曲折の多いルートを選んだが、その行動は迅速であった。カエサルがこの人口の多い地方を通り抜けるとき、ポンペイウスのために集められた徴募兵員の多くが、ポンペイウス側にではなく、カエサル側に合流した。これは一八一五年のナポレオンの経験に匹敵する事実である。ポンペイウス側は士気が動揺し、ローマを放棄して後退し、カプアに立てこもった。一方シーザーはコルフィニウムへ前進した敵と、ルセリア付近のポンペイウス指揮下の主力部隊の間に割って入る態勢をとり、流血を見ずに兵力を手に入れた。それからカエサルは雪だるま式に兵力を増加させながら、ルセリアに向かって南進を続けた。しかし、カエサルの前進は今や直進的になり、敵軍は雪崩のように総崩れとなり、イタリア半島の踵部にあるブランディシアム（ブリンディシ）の要塞港へと後退した。そしてカエサルのきわめて激しい追撃によって、ポンペイウスはアドリア海を越えてギリシャへ後退する決心を早めた。こうして第二の局面では、過剰な直接的行動と策略の不足によって、カエサルは、ひとつの作戦で戦争を終わらせるチャンスを奪われ、その後さらに四年間以上にわたって、地中海周辺全域での執拗な戦いに追い込まれた。

今や第二の作戦が開始された。カエサルはポンペイウスをギリシャへと追撃せずに、スペインにあるポンペイウスの戦線に対処するよう方針を転換した。このように、いわば「脇役」の敵に対して努力を集中したとして、カエサルは多くの批判を受けていた。しかし、ポンペイウスが消極的であるとするカエサルの見積もりは事実によって正しいことが示された。このときカエサルは、あまりにも突然作戦を開始した。そしてカエサルがピレネー山脈のすぐ向かい側のイレルダ（現在のレリダ）で敵の主力に向かって直進したため、敵は戦闘を回避することができた。この攻撃は失敗に終わり、カエサルは自ら直接介入することによって惨敗だけは免れた。彼の部下たちの士気は、カエサルがアプローチの方式を変えるちょうどそのときまで沈滞し続けた。

カエサルは攻囲をさらに強化しようとせず、もっぱら人工的な渡渉場を新たに作ることに精力を集中した。それによってカエサルは、イレルダの位置するシコリス川の両側の堤防を支配下に置くことができた。ポンペイウスの代理者は、補給源がカエサルにしっかりと握られることを恐れて、まだ時間を稼ぐことができたのに、退却する気になった。カエサルは敵が逃れるのを許すために圧迫をゆるめたが、退却する敵の後方に取り付いて、敵の行動を遅滞させる目的で、ゴール騎兵部隊を派遣した。その後カエサルは敵の後衛が守備している橋を攻撃せずに、水深の深い渡渉場を自ら軍団を率いて渡る冒険を敢えてした。そこは水深が深く騎兵部隊だけが渡渉できると思われていたのである。そして夜間には大きな円を描くような機動を行ない、敵の退路を横切るように布陣した。カエサルは交戦は企図せず、次々と新しい退路を求める敵の先にまわって、敵の企図を阻止することで満足した。その場合、カエサルは敵を攪乱して、その行動を遅滞させるために騎兵を使い、一方では指揮下の軍を横に幅広く配備して前進させた。カエサルは自軍の兵士たちが戦闘にはやる心をしっかり抑えると同時に、次第に疲労し、空腹になって士気が沈滞していく敵側の兵員たちと親しく接触することを奨励した。カエサルが敵をイレルダ方面へ追い返し、水の乏しい陣地に布陣させるよう追い込んだとき、敵は降伏した。

それは勝者にとってと同じように、敗者にとっても無血のうちに得られた戦略的勝利であった。

相手側の死者が少ないほどカエサルへの支持者も徴募兵員の数もそれだけ増えたのである。敵に対する直接攻撃を機動に切り替えただけなのに、この作戦でカエサルが費やした時間はわずか六週間であった。

しかし紀元前四八年の作戦では、カエサルは戦略を変えた。――そして作戦は勝利を収めるまでに八か月間続き、それも完全な勝利ではなかった。カエサルはイリュリクムを通る陸上の間接的ルートによってギリシャへ前進せずに、直接海上のルートをとることを決心した。それによって、カエサルは初めのうちは時間を稼いだが、結局は時間を失うことになった。ポンペイウスはもともと大きな艦隊を保有していたが、カエサルは艦隊を全く持たなかった。――カエサルは大規模な艦隊を建設したり、艦船を集めることを命じたが、その一部しか利用できなかった。カエサルは坐して待つよりも、かろうじて集めた船の半数をもってブリンディシから出港するほうを選んだ。カエサルはパラエステで上陸して、重要な港ディラキウム（ドゥラッツォ）へ向かって沿岸を北上したが、ポンペイウスはちょうどそこに到着したばかりであった。カエサルにとって幸運なことには、ポンペイウスが相変わらず行動が緩慢で、アントニウスがカエサルの残してきた半分の兵力を率い、敵の艦隊の目をはぐらかしてカエサルと合流する前に、ポンペイウスが自分の優越した力を発揮するチャンスを失ってしまったことであった。そしてアントニウスがディラキウムの別の地点に上陸したときでさえ、ポンペイウスは中央に位置していたにもかかわらず、カエサルとアントニウスがティラナで合流するのを阻止できなかった。

そこでポンペイウスは敵に追尾されて後退した。敵は交戦を求めたができなかった。その後、ふたつの軍はディラキウムの南のジェヌサス川の南側の堤防上で互いに対峙した。

膠着状態は間接的アプローチによって破られた。丘陵地帯を通る約四十五マイルの長い困難な迂回機動によって、カエサルはディラキウムとポンペイウス軍の間に布陣することに成功した。ポンペイウスがその危険を察知して、自軍の基地救援のため、わずか二十五マイルの直線距離を急いで戻ってきたときには、カエサルはすでにそこへ進出していた。しかしカエサルは、自分の有利な地位をそれ以上相手側に押しつけることはしなかった。ポンペイウス側も自軍の補給のために海路を保持していたので、そのうえさらに攻撃に出て主導権を握ろうとはしなかった。それはポンペイウスのような気質の人物を動かす動機とはならなかったのである。そこでカエサルは、自軍より強大であるばかりか、欲するままに海路を使って容易に補給ができ、撤退することもできるポンペイウス側に対して、その周囲に薄い包囲線を張りめぐらすという、独断的ではあるが、かなり特異な成算の見込みの少ないやり方をとった。

ポンペイウスのような消極的な人物でさえ、そのような効果の薄い包囲線の弱点を攻撃する機会を捨て去ることはできなかった。そしてポンペイウスがこの攻撃に成功したので、カエサルはそれを帳消しにするため集中的な反撃を企図したが、それは無残な失敗に終わった。ポンペイウス側の遅鈍な対応のみが、士気の沈滞したカエサル軍の崩壊を防いだのである。

カエサル軍の兵士たちは攻撃再開を叫んで騒然となったが、カエサルは自己の教訓を思い返していた。そしてうまく退却してから間接的アプローチの戦略に立ち返った。この時点ではポンペイウスは、カエサルよりも有利に間接的アプローチを適用しうる好機を迎えていた。すなわち、ポンペイウスは再びアドリア海を越えてイタリアの支配権を握る好機をつかんだのである。当時イタリアはカエサルの敗北の心理的影響によって、ポンペイウスにとって有利な状況にあった。しかしながらカエサルは、このポンペイウスの西進を自分自身に対する危険となる可能性をよく評価していた。カエサルはマケドニアにいたポンペイウスの代理者スキピオ・ナシカに向かって敏速に東進した。ポンペイウスはカエサルのこの行動によって精神的打撃を受け、誘い込まれるようにカエサルを追った。彼はスキピオ・ナシカを支援するため別のルートを通って急行した。カエサルのほうが先に到着したが、彼は自軍を築城地帯へ突進させないで、ポンペイウスの到着を許した。カエサルにとって好機を逸したように見えるこの行動も、彼の次のような考えに基づくものであったかもしれない。すなわちポンペイウスは、ディラキウムの戦闘で勝ったことに満足しているので、彼を開豁地に引き出して交戦させるためには、カエサルはポンペイウスにそのための強い動機を与える必要があったのかもしれない。もしそうであったとすれば、その考えは正しかった。ポンペイウスは兵力比でカエサルに対して二対一の優勢を保持していたが、自分の補佐官の説得がなければ、決して戦闘に訴えるような冒険は冒さなかったからである。カエサルが好機を作為するために一連の機動を準備し終えたちょうどそのときにポンペイウスは前進し、ファルサロスでカエサルにその好機を与えた。カエサルから見れば、戦闘は明らかに時期尚早であった。そして争奪地点が接近していることは、戦闘の時期尚早さを示していた。カエサルの間接的アプローチによって戦略的均衡は元へ戻ったが、ポンペイウスの戦略的均衡を覆すためには、さらにもう一回の間接的アプローチが必要であった。

カエサルはファルサロスの戦いに勝った後、ポンペイウスを追撃して、ダーダネルス海峡を越えて、小アジアを経由、地中海を渡ってアレクサンドリア市に到達した。ポンペイウスはプトレマイオスに暗殺されたので、カエサルは大いに手数を省くことができた。しかしカエサルは、エジプトの王位継承をめぐってプトレマイオスとその姉のクレオパトラの間に起こった争いに介入して、自分の有利な立場を失い、不必要な努力に八か月を浪費した。繰り返し現われる、根の深いカエサルの欠点は、彼が目前の直接的な目的を追求するあまり、大きな目的を忘却する点にあったように思われる。戦略的観点からすれば、カエサルは絶えず変身する「ジキルとハイド」であった。

ポンペイウスの軍は、カエサルの与えた合間の時間を利用して兵員を徴募し、アフリカとスペインで勢いを取り戻すことができた。

アフリカにおけるカエサルの困難は、彼の補佐官クリオによってすでに採られていた直接的行動によって増大した。クリオの軍はアフリカへ上陸し、緒戦に勝利した後、ポンペイウスの同盟者ユバ王の仕掛けた罠に陥り、そこで全滅した。カエサルは彼自身のアフリカ作戦(紀元前四六年)を、先のギリシャ作戦と同じような直接的行動、性急さ、不十分な兵力をもって開始し、自ら苦境に飛び込んで、いつものようにその幸運と巧妙な戦術によって窮地を脱した。その後カエサルは、戦闘への誘惑をすべてはねのけて、後続の軍団の到着を待つために、ルスピナ付近の堅固な陣地を構築した野営地に落ち着いた。

カエサルの心の中では、流血の少ない機動という「ジキル」が最も重要な位置を占めるようになった。そして数か月間、彼の増援部隊が到着した後でも、カエサルは極端ではあるが範囲の狭い、間接的アプローチを追求した。それはちくりちくり刺すように一連の嫌がらせを反復する機動戦で敵を疲労させ、士気を沈滞させるもので、その効果は脱走兵の急速な増加となって現われた。カエサルは、最後には敵の重要基地に対し、幾分幅を拡げた間接的アプローチによって戦闘の好機を作り出し、彼の部隊はカエサルの制御を振り切って、上からの指示を待たずに戦闘を開始して勝利を得た。

この作戦に続く紀元前四五年のスペインの作戦（この作戦で戦争は終結する）では、カエサルは初めから兵員の生命の損失を回避することに努めた。そして自軍が有利に戦闘を実施できる地域に敵が布陣するようにするため、狭い範囲内で休みなく機動を行なった。彼はムンダでそのような有利な地位を確保し、勝利を得たが、接近戦とそれによる大きな人命の損失は、「兵力の経済的使用」と「単なる兵力の節用」との違いを教えている。

カエサルのアプローチの間接性は、その適用される範囲が狭く、奇襲的要素に欠けているように見える。いずれの作戦においても、カエサルは敵の士気を緊張させはするが、それを攪乱することはなかった。その理由はカエサルが、敵の司令部の心理よりも敵の部隊の心理を目標とすることに、より大きな関心を持っていたことによるものと思われる。もしもカエサルの作戦が、間接的アプローチの持っている異なるふたつの性格――敵の兵力に対するアプローチと、敵の司令部に対するアプローチ――の違いを明らかにするのに役立つとすれば、カエサルの作戦はまた、直接的アプローチと間接的アプローチとの違いを、きわめて大きな説得力をもって明らかにするのに役立つであろう。なぜならカエサルは、直接的アプローチをとるときにはいつでも失敗し、間接的アプローチに戻ることによって、いつもその失敗の埋め合わせをしたのだから。

第4章

ビザンティン時代の戦争

ベリサリウスおよびナルセス

カエサルは紀元前四五年にムンダで勝利を飾った後、ローマおよびローマ世界の「終身独裁官」の称号を与えられた。この決定的な措置は用語の矛盾を含むものであり、それまでの政治体制を無効にすることを意味した。それによってこの措置は、「共和国」の「帝国」への転換の道を開いた。「帝国」はそのシステムのうちにそれ自体の崩壊の胚芽を内蔵していた。しかしながら、その崩壊の過程は長い目で見れば漸進的に進行していった。カエサルの勝利とローマの最終的没落との間は五百年の時が流れている。そしてその後でさえも、「ローマ帝国」は別の地域でさらに千年も続いた。それは次のような理由によるものである。最初にコンスタンティヌス大帝が紀元三三〇年に首都をローマからビザンティウム（コンスタンティノープル）へ移したこと。次に三六四年にローマ帝国が、東ローマ帝国と西ローマ帝国にはっきり分かれたこと。前者は後者よりも国力をよく保った。西ローマ帝国は、異民族の攻撃とその浸透により次第に崩壊の度を速め、五世紀末頃には、ガリア、スペインおよびアフリカにおける独立王国の建設に続いて、イタリア独立王国が確立するとともに名目だけの西ローマ帝国は廃されてしまった。

六世紀半ば頃に、東からのローマの支配権が西で復活する時期があった。コンスタンティノープルにおけるユスティニアヌス帝の治下、帝の麾下の将軍たちは、アフリカ、イタリア、スペイン南部を征服した。主にベリサリウスの名前を連想させるその征服の達成は、ふたつの特徴を持っているために一層目立っている。第一の特徴はベリサリウスがきわめてわずかな軍事的資源をもって、これらの広範囲にわたる遠征を企てたことである。第二の特徴は戦術的防勢を一貫して利用したことである。攻撃を回避することによってそのような一連の征服を行なったことは、歴史上ほかに例がない。その一連の征服は、機動兵種を中心とした、主として騎兵部隊から成る陸軍によって遂行されたという点で一層目立っている。ベリサリウスは大胆さに欠けるところはなかったが、彼の戦術は敵の攻撃を許し、誘うものであった。自軍の数的劣勢が、一面でベリサリウスにそのような戦術を選択させたとしても、それはまた、戦術的、心理的の両面での巧妙な計算の問題でもあった。

ベリサリウスの軍は、古典的軍団編成とほとんど似たところはなかった。それは中世的様式に近かったが、それよりさらに高度に発展したものであった。カエサルの時代の軍人から見れば、それはローマ軍とは認められなかったであろう。ただし、スキピオとアフリカで従軍したことのある軍人から見れば、そのような軍の様式の発展傾向に少しも驚かなかったことであろう。スキピオからカエサルに至る間に、ローマ自身は都市国家から帝国へと変化しており、軍も短期服役の市民軍から長期服役の職業軍へと変化してきた。しかし、ザマの戦いでその実現が予知された、騎兵主体の軍事組織への改編の約束は履行されてはいなかった。歩兵はローマ帝国陸軍の中心をなすものであった。また騎兵は（馬の飼育は馬の体軀の大きさと速さの面で大きく改良されていたが）、対ハンニバル戦の初期の段階と同じように、引き続き補助兵種にとどまっていた。国境守備のために、今までよりも大きな機動力が必要なことが明らかになるにつれて、騎兵の占める比重が次第に増大した。しかし、ローマ軍がこの教訓に従って再編されるようになったのは、三七八年にローマ軍団がアドリアノープルで、ゴート族の騎兵部隊によって圧倒されてからであった。その後数世紀の間に、時計の振子は反対側（騎兵軽視の方向）へ極端に振れてしまった。テオドシウスの治下、厖大《ぼうだい》な数の異民族の騎乗員を募集してこの機動兵種の拡大が急速に行なわれた。その後徴募兵種間のバランスはある程度修正された。ユスティニアヌス帝とベリサリウスの時代までには、主兵は重装騎兵によって編成され、弓と槍と甲冑を装備していた。その底流となった考え方は、匈奴またはペルシアの騎乗弓手が発揮していた機動的射撃力の価値と、ゴート族の槍兵が発揮していた機動的衝撃力の価値とを、訓練された戦闘員個人に兼備させようとしていることは明らかであった。これらの重装騎兵は軽武装の騎乗弓手部隊によって支援されていたが、それは形態と戦術の両面から見て、現代の重戦車と軽戦車の組み合わせの出現を予告するものであった。歩兵にも同じように重歩兵と軽歩兵の二種類があったが、重歩兵は重い槍を装備し、密集隊形で戦ったので、戦闘では騎兵の機動の軸心としての堅固な支《し》点《てん》（軍主力の軸となる拠点）の役割を果たすだけであった。

六世紀の初めには、東ローマ帝国は不安定な状況に置かれていた。その軍隊はペルシア国境でたびたび屈辱的敗北を被り、小アジアにおける東ローマ帝国の地位全体が危険に曝されていた。ペルシアに対する匈奴の北からの侵略によって、ペルシアの圧迫は一時ゆるんだが、紀元五二五年頃には、ペルシア国境に沿って新たな戦争が、散発的に起こっていた。ベリサリウスがペルシア領アルメニアに対して数次の騎兵襲撃を行なって最初の勲功を立てたのはここであった。その後、ペルシア側が国境の城砦を奪取した後、勢いのよい反攻を行なったのもここであった。彼の行動が他の指揮官たちの拙劣な行動とは対照的にすぐれていたので、ユスティニアヌス帝はベリサリウスを東ローマ帝国軍の総司令官に任命した。彼はそのときまだ三十歳になっていなかった。

紀元五三〇年に約四万のペルシア軍がダラスの要塞に向かって侵攻してきた。これを迎え撃つベリサリウスの兵力はかろうじて敵の兵力の半分であり、その大部分は、最近加入したばかりの新兵であった。ベリサリウスは籠城するよりも攻撃の危険を冒そうと決心した。しかし彼はある陣地で、防勢・攻勢両用の戦術をとる準備を慎重に行なった。ベリサリウスはペルシア軍がビザンティン軍を蔑視しており、また兵力がビザンティン軍よりも優勢であることから、ペルシア軍は必ず攻撃に出てくると推定することができた。ダラスの要塞の正面に広くて深い濠が掘られたが、その濠は城壁に近く掘ってあり、濠の守備隊に対し、銃眼付き胸壁の上から火力支援が可能になっていた。そして彼は比較的信頼性の低い歩兵部隊に濠を直接守備させた。要塞正面の濠の両端から濠と直角をなして前方へ縦方向に二本の濠が掘られ、その濠の前端から外へ向かって一本ずつ直線の濠が掘られた。この最後の二本の濠は要塞正面の低地の左右両翼にある丘陵まで達していた。この最後の二本の濠に沿ってある間隔をもった広い通路が設けられ、これらの通路には重騎兵部隊が配備され逆襲の準備をしていた。二本の縦の濠がそれぞれ両翼に延びる濠を作っているふたつの内角の部分には匈奴の軽騎兵が配備され、両翼の重騎兵が追い返されたときには、敵攻撃軍の背後に対して攪乱攻撃を行なって敵の圧迫をゆるめることになっていた。

到着したペルシア軍は、これらの部隊配備によって裏をかかれて、状況を調べるための小ぜり合いで第一日目を費やした。翌朝、ベリサリウスはペルシア軍の司令官に書状を送り、「戦闘よりもお互いに討議するほうが争点をよりよく解決できるだろう」と示唆した。プロコピアス（ビザンティンの歴史家）によれば、ベリサリウスはその書状で次のようにのべたという。「誰しも（たとえ多少の異論を持つ者でも）認めていることは、第一に祝福すべきものは平和であるということである。……それゆえ、最もすぐれた将軍とは、戦争を平和に転換できる将軍である」と。これらの言葉は、自らの偉大な勝利の前夜に、非常に若い軍人が発したものとしてはすばらしいものである。しかし、ペルシア側の司令官は、ローマ側の約束は決して信頼できないと回答した。彼の考えでは、ベリサリウスの書状の内容や濠を前にした防勢的態度は、ベリサリウスの恐怖心を示しているだけだと見ていたのである。そこでペルシア側の攻撃が開始された。ペルシア側は中央部に仕掛けられた陥穽に突っ込まないように慎重に行動したが、その慎重さそのものが彼らをベリサリウスの術策に陥れる役割を果たした。というのは、それによってペルシア軍の努力が分散されるだけでなく、戦闘が両翼の騎兵部隊だけで行なわれることになるからであった。両翼の重騎兵は、ベリサリウス麾下の兵力のうちで、劣勢の度合いが最も小さく、最も信頼できる兵種であった。同時に、ベリサリウスの歩兵部隊は、弓矢による射撃で戦闘に寄与することができた。ビザンティン側の弓は、ペルシア側の弓よりも射程が長かった。ペルシア側の甲冑はビザンティン側の矢に対して弱く、ビザンティン側のそれはペルシア側のそれより矢に対して強かった。

ベリサリウスの左翼を攻撃したペルシア騎兵部隊は当初は前進を見せたが、左翼に沿った丘陵の背後に隠れていた騎兵の小部隊が突如ペルシア騎兵の背後を攻撃した。この予期しなかった背面攻撃を受けたペルシア騎兵部隊は、さらに別の翼側（右翼側）に匈奴の軽騎兵が出現したため退却した。その頃、ベリサリウスの右翼を攻撃中のペルシア騎兵部隊は、さらに深く突進してダラス市の城壁に到達したが、そのため前進した騎兵部隊と中央部にあった動きの遅い歩兵部隊との間に間隙が生じた。ベリサリウスは手持ちの騎兵部隊の全兵力をその間隙部へ投入した。ペルシア軍の戦列の弱体化していた中心点に対するこの反撃によって、まず前進していたペルシア騎兵部隊は戦場から追い払われた。続いてその鋒先は、中央部の歩兵部隊の暴露していた翼側に指向された。このダラスの戦闘はペルシア側の決定的敗北に終わった。これはそれまでの数世代の間に、ペルシアがビザンティンから被った初めての敗北であった。

ペルシア王は、その後数回の敗北を経験した後、ユスティニアヌス帝の使節と講和条件について話し合いを始めた。この交渉が行なわれている間に、ペルシアの同盟国であるサラセンの王が、ビザンティンの勢力に対して間接的打撃を与えるための新しい遠征計画をペルシア王に示唆した。サラセン王は、堅固に保持され、要塞化されているビザンティンの国境に対する攻撃は行なわず、ビザンティン側が予期しない行動に出ることに大いに利がある、と主張した。その計画は、最も機動力のある部隊から成る軍を、ユーフラテス川から砂漠（それは長い間、通過不能な障害と見なされていた）を越えて西進させ、ビザンティン帝国内で最も富んだアンティオキア市を襲うというものであった。この計画は採用され、適当な編成をとった陸軍を使えば、砂漠の横断は可能であることを立証するところまでは遂行された。しかしながらベリサリウスは、自軍の機動性を非常に高めてきており、国境に沿って効率的な通信網を展開させていたので、敵の来襲に対しては、北方から急行して敵の到達を待ち構えることができた。敵の脅威を粉砕した後、ベリサリウスは侵略軍をその本国へ駆逐するだけにとどめた。そのような抑制された措置を、彼の部隊員は喜ばなかった。彼は部隊の不満を知って、次のことを明らかにしようと努めた。「真の勝利は、自軍の損害を最小限にとどめて、敵に対してその目的を放棄するよう強制することにある。その結果が得られたならば、そのうえさらに戦闘に勝っても真に利益とはならない。なぜ逃亡者を追っていかねばならないのか。そのような企図は、不必要な敗北の危険を招く恐れがあり、それによってわが帝国を一層危険に曝すことになるのだ。退却する敵に退路を残してやらなければ、敵は死に物狂いになって勇気を奮い立たせることは間違いない」と。

そのような主張は、あまりにも理屈っぽくて、血に飢えた兵士の本能を満足させるものではなかった。そこで軍人たちの心をつなぎ止めておくため、ベリサリウスは軍人たちに欲望どおりに敵を追撃させた。そしてその結果、彼の警告が正しいことを裏付けるように、ただ一回だけであるが敗北を喫した。しかし、追撃軍に対するペルシア軍の勝利は、非常に大きな犠牲を払って購《あがな》ったものだったので、ペルシア軍は退却を続けざるをえなかった。

ベリサリウスは東ローマ帝国の防衛に成功した後、攻勢的任務を与えられて短期間西ローマ帝国へ派遣された。それより一世紀前に、ゲルマン民族のヴァンダル人は大規模な海賊行為を行ない、また地中海沿岸の諸都市を略奪するため遠征襲撃隊を送り出していた。紀元四五五年に彼らはローマ市そのもので略奪を行ない、続いてコンスタンティノープルから派遣された大規模な懲罰的遠征部隊に対し、圧倒的な敗北を与えた。しかしながら、それから何世代か後には、彼らの奢侈とアフリカの強い日射しが、彼らの生活様式を軟弱にしただけでなく、その活力をも奪い去った。紀元五三一年には、ヴァンダル王ヒルデリックが好戦的な甥ゲリマーによって廃位され、投獄された。ヒルデリックは青年時代にユスティニアヌス帝の味方であった。ユスティニアヌス帝は直ちにゲリマーに対し、その叔父の釈放を要求する書簡を送ったが、要求が拒絶されると、ユスティニアヌス帝は紀元五三三年に、ベリサリウスを将としてアフリカへ遠征部隊を派遣する決心をした。しかしユスティニアヌス帝はベリサリウスに騎兵五千と歩兵一万を与えただけであった。それらの兵員は精鋭ではあったが、ヴァンダル側は約十万の兵力を持っていることが知られていたので、ベリサリウスの遠征部隊のほうが兵力的に相当分が悪かった。

ベリサリウスの遠征隊がシシリー島に到着したとき、彼は次のような有望な情報を入手した。「ヴァンダル軍の最も精鋭な一部兵力がヴァンダル領サルディニア島の反乱処理のために派遣されており、ゲリマー自身も目下カルタゴを離れている」という情報である。ベリサリウスは直ちにアフリカへ向かって出帆し、優勢なヴァンダル艦隊の迎撃を回避するため、カルタゴから約九日間もかかる離れた地点に上陸することに成功した。ゲリマーは、ベリサリウス上陸の報を聞いて、急いで各部隊に対し、カルタゴに通ずる主要な道路上のカルタゴから十マイル離れている、アド・デシマム付近の隘路に集結するよう命じた。ゲリマーはそこで侵入軍を包囲しようと考えていた。しかし、この計画は攪乱されてしまった。ベリサリウスは、麾下の艦隊をもってカルタゴに脅威を与えると同時に、陸上でも迅速に前進し、集結途上のヴァンダル部隊を捕捉したために、混戦状態が方々で起こり、ヴァンダル軍は、ベリサリウス軍に対する数的優勢が帳消しにされただけでなく、ヴァンダル軍全体が四分五裂になるほどの大混乱が起こった。その結果、ベリサリウスのカルタゴへの進路上には何ら障害がなくなったためである。ゲリマーが麾下の部隊を再び集結し、サルディニア島から遠征部隊を召還し、再び攻勢に出る準備を整えたときには、ベリサリウスは、以前にヴァンダル側が荒廃するにまかせていたカルタゴ市の防壁の修復を終えていた。

ヴァンダル側が自分を放逐しようと企図するのを予想して、ベリサリウスは数か月間待った後、攻勢に出る決心をした。ヴァンダル側の士気が低調で、行動に活気がないこと、また今や、たとえ敗れても、確実に撤退できる場所が確保されたからである。ベリサリウスは麾下の騎兵部隊を前進させ、小川を前にしたトリカメロン市のヴァンダル軍の野営地に到達し、味方の歩兵部隊の到着を待たずに、戦闘を開始した。彼は自軍が明らかに数的に劣勢のため、ヴァンダル側が自軍を攻撃するように誘えば、ヴァンダル側が川を渡る間に、これを攻撃できると考えたのであろう。しかし挑発攻撃と偽装退却を行なったが、追撃してくる敵にその小川を渡らせることはできなかった。そこでベリサリウスは敵の慎重さを利用して、相当な兵力を妨害を受けることなく小川を渡らせた。それから敵の中央部に対して攻撃を展開し、これに敵の注意を引きつけておいて、全戦線にわたって攻撃を拡大していった。

ヴァンダル側の抵抗線は急速に崩壊し、防御柵で囲まれた野営地へと彼らは逃げ込んだ。夜間にゲリマー自身が逃亡し、その姿が見えなくなると、彼の軍もばらばらになった。ベリサリウスはゲリマーを追跡し、ついに彼を捕らえてこの戦いに勝利し、係争問題は決着した。ローマ領アフリカの再征服は必死の冒険であると見込まれたが、その実行は驚くほど簡単に成しとげられたのであった。

このように勝利が簡単に得られたことに勇気づけられて、ユスティニアヌス帝は、紀元五三五年、東ゴート人の手からイタリアとシシリー島を、（最小の費用で）奪還しようと企図した。彼は小規模の部隊をダルマチア海岸へ派遣した。彼は報酬金を与える約束で、フランク人に北方にいるゴート人を攻撃するよう説得した。このような牽制工作を行なう一方で、ユスティニアヌスはベリサリウスに、一万二千の遠征軍を与えてシシリー島へ派遣し、到着直後に「この遠征軍はカルタゴを目指すものである」ことを宣伝するよう指示した。ベリサリウスはシシリー島の占領が容易であると判断した場合はそれを占領し、そうでない場合は手の内を見せずに、再び乗船して立ち去ることになっていた。結局、上陸してみると何も困難はなかった。シシリー島の諸都市は、それまで征服者によってよい扱いを受けていたが、早速ベリサリウスを解放者、保護者として歓迎した。ゴート人の小規模な守備隊は、パレルモを除いて、ベリサリウスに何らまともな抵抗は示さなかった。ベリサリウスはパレルモに対しては策略を用いてこれを征服していたのである。彼のシシリー島での成功とは対照的に、ダルマチアの侵攻は惨敗に終わった。しかし、ダルマチアにおける牽制的侵攻がビザンティン側の増援部隊によって再開されると同時に、ベリサリウスはメッシナ海峡を越えてイタリアへの侵攻を開始した。

ゴート人の間の紛争と、その王に対する軽視のため、ナポリより南のイタリアでは、ベリサリウスには進路上に何らの障害もなかった。ただナポリは堅固に要塞化されており、ベリサリウスの軍と同等の兵力で守備されていた。彼はしばらくの間前進できなかったが、廃棄されていた導水渠を通って潜入路があることがわかった。彼は選択された兵士にその狭いトンネルに潜入させ、それによる背後攻撃と、城壁梯子による夜間の登はんを行なわせて攻撃し、ナポリ市を征服した。

ナポリ陥落のニュースは、ゴート人に大きな騒ぎと彼の王に対する反乱を呼び起こし、ウィティゲスと呼ばれる強力な将軍が王位に就いた。しかし、ウィティゲスは新しい侵略者に対して努力を集中する前に、フランクとの戦いを終結させることが必要だとする、軍人に典型的に見られる考え方をとっていた。そこでウィティゲスは、十分な兵力と思われる守備隊をローマに残して、フランク側に対処するため北へ軍を進めた。しかしローマ人たちはウィティゲスと同じ考えを持ってはいなかった。ゴート人守備隊はローマ人側の支援がなければローマ市の防備は十分にはできないと感じていたので、ベリサリウスの軍が接近すると、ゴート人守備隊は撤退したため、彼は何らの困難もなくローマ市を占領することができた。

ウィティゲスは自分の決心したことを悔やんだが、時はすでに遅かった。彼は黄金と土地を与えてフランク側を買収し、ローマ奪還のために十五万の兵力を集めた。ベリサリウスは、それに対する防御のためにわずか一万の兵力しか持たなかった。しかし、ローマの攻囲が開始されるまでに三か月の余裕があったので、彼は市の防備を改良し、大量の食糧備蓄を行なった。そのうえ彼の防御方式はタイミングのよい出撃を繰り返す積極防御方式であった。その出撃においては、ベリサリウスは自軍の騎兵が弓で武装している利点を活用して、敵の騎兵集団に接近しないようにして、弓の射撃でそれを攪乱し、あるいはゴート槍兵を弓の射撃で刺戟して、彼らを盲目的な突撃に駆り立てるなどの手段をとることができた。劣勢の防御軍の緊張は厳しかったが、攻囲軍の力は防御軍に比べてはるかに急速に萎縮し、特に疫病の流行によってその萎縮は速められた。ベリサリウスは、敵の戦力低下を促進するため、乏しい兵力の中から二個支隊を使ってティヴォリとテラチナのふたつの町を奇襲によって奪取しようという大胆な行動に出た。このふたつの町は、攻囲軍の補給路を支配するものであった。本国から増援部隊が到着すると、ベリサリウスはラヴェンナにあるゴート側の本拠地を目指し、半島を横切ってアドリア海岸に出た後、さらに北上して機動的な襲撃を展開した。一年の攻囲の後、ゴート側はついにその企図を放棄して北方へ撤退した。その撤退開始は、「リミニの町がビザンティン襲撃部隊によって奪取された」というニュースを流したために、速められた。リミニはラヴェンナへの交通線上にあって、ラヴェンナに危険なほど接近していたのである。撤退するゴート軍の後半部がムルヴィアンの橋上で混雑したため、ベリサリウスはそれに対して分断攻撃を行ない大損害を与えた。

ウィティゲスがラヴェンナへ向かって東北方へ退却する間に、ベリサリウスは、パヴィアとミラノを奪取するため、自軍の兵力の一部に艦隊をつけて西海岸へ派遣した。彼自身もわずか三千の兵力を率いて半島を横断して東海岸に到着し、そこで宦官の侍従ナルセスの率いる増援兵力七千の上陸軍と合流した。そこから彼はリミニで危険に曝されている支隊を救援するため急行した。この支隊はウィティゲスによって閉じ込められていたものである。ベリサリウスは、ゴート側が二万五千の兵力を持つオシモの要塞に気づかれないようにその近くを通過し、二個部隊をもってリミニに向かって前進した。他方、彼の軍の一部は海路でリミニへ向かった。この三方向からの前進は、ゴート側に対して、自軍の勢力を過大に受け取らせようという意図を持っていた。そのような印象をさらに強めるために、夜ごとおびただしい数の露営火を並べた。今やベリサリウスの名前に敵が畏怖していることもあって、この策略は成功し、ビザンティン軍よりもはるかに強大なゴート軍は、ベリサリウスが接近してくるものと思って恐慌に陥って逃走した。

ベリサリウスはラヴェンナにいるウィティゲスの監視を続ける一方、以前彼が急速に前進したために傍《かたわ》らを通りすぎるだけだった各地の要塞を陥落させて、ローマと自軍との交通線上の障害を排除しようと考えた。自軍の兵力が少ないため、これは容易な問題ではなかった。しかし、彼の方法は特定の要塞を孤立させて、それに攻撃を集中し、他方で、広い範囲にわたって行動する機動隊の網を張り、その担当地域内でのあらゆる潜在的な、敵の要塞救援兵力を活動させないようにした。これだけでも相当な時間を要したが、さらに別の要因によって時間は長びいた。というのは、ベリサリウス麾下の一部の将軍たち――彼らは自分たちの不服従行為をカバーしうるほど、宮廷内での勢力を維持していた――が、さらに安易で利益の多い目標を選ぶ方向に傾いていたからである。しばらく経って、ウィティゲスは、「今や軍事力を広範囲に展開しているビザンティン帝国を、両側から一緒になって攻撃すれば、ビザンティン帝国拡張の流れを転換させる絶好の機会となる」ことを示唆するのを目的として、フランクとペルシアへ使節を送るよう勧められた。フランク王は大規模な軍をもってアルプスを越えるという反応を示した。

最初に損害を受けたのは、同盟国側になるはずだったゴート軍であった。というのはパヴィア付近のポー川の渡河点近くで、ビザンティン軍と対峙していたゴート軍が、同盟国のために渡河点を開放した後、同盟国軍とビザンティン軍の双方を無差別に攻撃し、同盟国軍を敗走させたからである。そこで同盟国軍は食糧を手に入れるために農村地帯へ入っていった。彼らの軍はほとんどが歩兵部隊で編成されていたので、彼らの糧秣《りょうまつ》徴発範囲は限られており、その後彼らは自らが生み出した食糧不足のために、集団的に自滅していった。先見の明のない自らの愚行による制約のために、彼らはビザンティン軍機動部隊の前へ突進する勇気もなく、ベリサリウスの説得によって大した問題もなく帰国していった。そこでベリサリウスはラヴェンナに対する締め付けを強め、ついにウィティゲスを降伏に導くことができた。

紀元五四〇年の時点において、ベリサリウスはユスティニアヌス帝によって召還された。表向きの理由は、ペルシアの新たな脅威に対処することであり、それ自体は事実であった。しかしながらもっと深い動機は、ベリサリウスに対するユスティニアヌスの嫉妬であった。ゴート人がベリサリウスをヨーロッパの皇帝として認めることを前提として、ベリサリウスに和平の提案をしていることが、ユスティニアヌス帝の耳に入っていたからである。

ベリサリウスが帰国の途中にあった間に、新たにペルシア王となったコスローは、以前に失敗したことのある砂漠横断の進軍を繰り返し、ついにアンティオキアの奪取に成功した。コスローはビザンティン帝国の財産であるシリアの諸都市も奪取した後、毎年多額の償金を支払う代償に講和条約を結ぼうというユスティニアヌス帝の提案を受け入れた。コスローがペルシアへ帰国し、ベリサリウスがコンスタンティノープルに帰国すると同時に、ユスティニアヌス帝はその講和条約を破棄して償金を支払わなかった。こうして戦争の通常経費の支出に変わりがないため、帝の臣下だけが割りを食う結果になったのである。

ペルシア王コスローは次の遠征で黒海沿岸のコルキス（コーカサスの南）へ侵攻し、ビザンティン帝国の要塞ペトラを奪取した。それと時を同じくしてベリサリウスがビザンティン帝国の東部国境に到着した。ベリサリウスはペルシア王コスローが、行先は不明であるがどこかへ遠征に出発したことを聞き、これをペルシア領土へ奇襲を行なう好機として利用した。ベリサリウスは効果を拡大するため、同盟しているアラブ軍にチグリス川を越えてアッシリアまでも襲撃させた。このタイミングのよい進撃は、間接的アプローチの価値を意識しないで発揮した実例である。というのは、この進撃はコルキスを侵略したペルシア軍の基地に脅威を与えるものであり、それによって自軍の交通線を遮断されるのを回避するため、コスローが急いで帰還せざるをえなくしたからである。

その後間もなく、ベリサリウスはコンスタンティノープルへ召還された。その理由は国内問題のためであった。彼が召還されて西へ帰っている間に、ペルシア王は、エルサレム奪取を目的としてパレスチナへの侵攻を開始した。エルサレムはアンティオキアの破壊後、東ローマにおける最も富裕な都市となっていた。この情報を入手して、ユスティニアヌス帝はベリサリウスを救援に向かわせた。このときはコスローは推定二十万の大軍を率いており、このため砂漠横断ルートをとることができなかった。コスローはまずユーフラテス川を越えてシリアに入り、そこで南転してパレスチナへ進まなければならなかった。こうしてベリサリウスはコスローの進路を確実に知って、少数ではあるが、機動力に富む手持ちの部隊を、ユーフラテス川上流のカルシェミンに集結した。この地点からは、前進する敵軍の翼側に対して、（その最大の脆弱点付近で）脅威を与えることができた。ベリサリウスの部隊がその地点に集結したことを知らされたコスローは、ベリサリウスのもとへ使者を派遣した。その表面上の目的は、可能な条件のもとでの講和の討議であったが、真の目的はベリサリウスの部隊の兵力とその状態を確かめることであった。事実、ベリサリウスの兵力は侵攻軍の十分の一以下、あるいは二十分の一以下であった。

ベリサリウスは使節の目的を見抜いて、ある「軍事的演技」を行なった。彼は、捕虜になった後に自軍に登録されたゴート人、ヴァンダル人、ムーア人の兵士を選抜し、ペルシアの使者の通るルート上で行動させた。こうしてベリサリウスは偉大な陸軍の前哨の姿を使節に見せつけたのである。これら兵士たちは、実際よりも兵力を多く見せるために平地に散開し、絶えず動きまわるよう命ぜられた。楽天的で自信に満ちたベリサリウスの雰囲気と、いかなる攻撃も恐れないかのような、部隊全体の屈託のない態度によって、使節たちの受けた印象はさらに深められた。使節の報告によって、コスローは自軍の交通線の翼側に、そのような恐るべき部隊が存在しているのに、侵攻を継続することはあまりにも危険であると信じこんでしまった。そこでベリサリウスは、ユーフラテス川に沿って自軍の騎兵部隊に奇妙な機動的行動をとらせ、ペルシア軍がすぐにユーフラテス川を渡って本国に向かって退却するように脅しをかけた。潜在的には無敵の強さをもった侵攻でありながら、このように小さな代償で阻止された侵攻はほかに例がない。この奇跡的な成果は間接的アプローチによって達成されたものであり、それは側翼の陣地を利用するものであったが、それ自体は純粋に心理的なアプローチであった。

ベリサリウスの名声が引き続き高まっていることに嫉妬を感じたユスティニアヌス帝は、再びベリサリウスをコンスタンティノープルへ召還した。間もなくイタリアにおける問題処理の誤りによって、ビザンティン帝国によるイタリアの掌握が危険に曝されたため、ユスティニアヌスは状況を回復するため、ベリサリウスを派遣せざるをえなくなった。しかしながら、ユスティニアヌス帝はそのけちな性格と嫉妬心によって、部下の将軍にきわめて乏しい資源で仕事をやらせることになった。その仕事はベリサリウスがラヴェンナに到着したときまでには厖大な量にのぼっていた。ゴート側は新しい王トティラのもとで次第に力を回復しており、イタリアの北西部全域を再び手に入れ、さらに南へ勢力を伸ばしていた。ナポリは彼らの手に落ち、ローマに脅威を与えていたからである。ベリサリウスは一支隊を率いて海上を迂回し、ティベル川の上流で強行渡河してローマを救援するという企図を試みたがそれは失敗に終わった。トティラ王はローマの城塞を撤去し、ベリサリウス軍七千を海岸に釘付けにするため一万五千の兵力を残置し、ベリサリウスの不在の間にラヴェンナを奪取しようと北進した。しかしベリサリウスは、自分を見張っている一万五千の相手部隊の裏をかき、ローマへ潜入した。それはゴート魂を持つ者なら誰でも見のがすことのできない囮の役割を果たした。トティラが自軍を率いてローマへ帰る三週間前に、ベリサリウスはローマの城門は取り換えなかったが、市の防塞設備を非常によく修復しておいたので、その後二回にわたるトティラの激しい攻撃を撃退することができた。この二回の攻撃でゴート側は重大な損害を受けて自信を失い、三回目の最後の攻撃はベリサリウスの反撃によって混乱に陥り、ゴート軍は攻囲の企図を放棄してティヴォリへ撤退した。

しかし、ベリサリウスがユスティニアヌス帝に繰り返し訴えたにもかかわらず、ユスティニアヌスは小規模の増援兵力を送っただけであった。このためベリサリウスはイタリア全土の再征服を企図することができず、要塞から要塞へ、港から港へと、「撃っては逃げる」作戦で数年間を費やすほかなかった。ベリサリウスは、ユスティニアヌスが強力で十分な兵力を自分にゆだねる望みがなくなったのを知って、紀元五四八年に任務を取り止める許可を得て、コンスタンティノープルへ帰った。

四年後、ユスティニアヌスはイタリアを放棄する決定をしたことを後悔して、新たな遠征に着手する決心をした。彼はベリサリウスが自分と対立する元首になることを恐れて、ベリサリウスに遠征の指揮をとらせることを好まず、ついにナルセスに遠征の指揮権を与えた。ナルセスはそれまで長い間、熱心に戦争を理論的に研究してきており、ベリサリウスの最初のイタリア作戦の勝利の段階では、自らの実際的軍事能力を証明する機会をすでに与えられていた。

ナルセスは今や与えられた機会を最大限に利用した。まず第一に、帝の要望を受け入れる条件として、実際に強力で、装備のすぐれた軍を与えるよう求めた。こうしてナルセスはアドリア海沿岸をまわって北進した。この進撃は、ナルセスの侵攻が海路を使って行なわれるものとゴート側が信じていたことによって助けられた。というのはゴート側は、海岸沿いのルートは危険が多く、多数の河口があって進撃が非常に困難であると考えていたからである。しかしナルセスは、陸上部隊の前進速度に合わせた多数の小舟を用意し、またそれらの小舟を浮き橋の形に並べて利用しながら、予期した以上の速度で前進し、敵の妨害もなくラヴェンナへ到着した。ナルセスは休む間もなく南進し、行く手をさえぎる各種の要塞施設を迂回して通過した。それはトティラの軍が完全集結する前に、トティラ側に戦闘を強制する目的で行なわれた。トティラはアペニン山脈を越える主要な道路を扼《やく》していたが、ナルセスは横道を通って迂回し、タギナエでトティラを襲撃した。

ここではナルセスはゴート側よりも兵力的に優勢であった。これは以前の作戦でベリサリウスが終始劣勢であったのと対照的であった。優勢な兵力を持っているにもかかわらず、ナルセスは戦略的攻勢の利を十分に活用しながら、トティラと遭遇した場合には戦術的防勢のほうを選んだ。彼はゴート軍が戦闘では常に先に攻撃に出る「本能的攻勢」気質を考慮に入れて、ある落とし穴を仕組んでおいた。それは、その八百年後、クレシーでフランス騎士団を撃破したイギリスの戦術を予告したものであった。彼の計画は、ゴート軍が「騎兵の突撃に対しては脆いビザンティン歩兵」に対して抱いている軽蔑の気持ちを考慮に入れ、それを基礎にして立案された。彼は徒歩のままで槍を使用する「馬なしの騎兵」の大部隊を戦線の中央に配置した。これは槍持ちの歩兵の集団に見せかけるためであった。中央の軍団の両翼には横に広い半月陣を張った徒歩弓手を配置し、その後方に発射準備の完了した騎兵部隊の大部分を使って、中央に対するいかなる攻撃に対しても縦射を加えられるようにした。はるか左に離れて存在する丘陵の陰には精鋭の騎兵部隊を配置し、敵が深く突入してきた場合には奇襲をかけられるようにした。

この巧妙な囮作戦はその目的を達した。ゴート騎兵は、ビザンティン側の中央の頼りなさそうな歩兵部隊を攻撃してきた。そのゴート騎兵部隊は、突撃時に両方の翼側から集中的な矢の霰《あられ》によって大きな損害を受けて、その前進を阻止され、今や両翼側に近迫してきた徒歩弓手によって、ますます悩まされた。一方、ゴート歩兵は、ナルセスが左翼方面の丘陵付近に隠しておいた騎乗弓手部隊が現われ背後を攻撃してくる恐れがあるため、前方の友軍騎兵を支援することを躊躇していた。士気沮喪したゴート騎兵部隊は、しばらくの間無駄な努力を続けた後に、退却を開始した。そこでナルセスは、それまで控置しておいた騎兵部隊をもって決定的反撃に出た。ゴート軍は完全に敗北したため、ナルセスはこの第二回のイタリア奪還作戦の遂行中、本格的な敵の抵抗は受けなかった。

ゴート側の最終的な降伏が完了したちょうどそのとき、ナルセスはゴート側の必死の訴えに応えたフランクの新たな襲撃に対処する時間的余裕を得た。今回のフランクは、これまでよりもはるかに深く侵入してカンパニアにまで進出した。ナルセスは以前のフランクの侵入で学んだ経験から、フランク軍の厖大な兵力がその行軍の厳しさや赤痢による人的損耗によって枯渇してしまうまで戦闘を回避し、「自分で自分の首を吊るための縄」を与えようとしたものと考えられる。しかしながら、紀元五五三年にナルセスが、カシリナムでフランク軍に戦闘を挑んだとき、フランク軍の兵力は依然として八万にも達していた。この戦闘でナルセスは特徴を持った敵の戦術に抜け目なく対応した陥穽を案出した。敵は徒歩部隊であり、重量と機勢に訴える縦深を持った縦隊となって攻撃してきた。敵の兵器は近接戦闘型のもので、槍、投斧、剣から成っていた。

カシリナムの戦いでナルセスは、自軍の中央部に徒歩の槍兵と弓手を配備した。フランク軍はナルセス軍に向かって突撃し、その中央部を押し返したが、ナルセスはそこでフランク軍の両翼側に向かって騎兵部隊を左右に大きく旋回しながら攻撃させた。これによって敵の前進が阻止され、敵は直ちに外側へ向きを変え、ナルセスの騎兵部隊の突撃に対する構えをとった。しかしナルセスは、敵の隊形が非常に堅固で、衝突によって突破はできないことを知っていたので、騎兵部隊をそれ以上敵に接近させなかった。そのかわり、ナルセスは騎兵部隊を敵の投斧の到達距離のすぐ手前で停止させ、弓を使用するよう命じた。矢は雨のように敵の縦隊に降り注いだが、敵は密集隊形を崩さなければ報復を加えることはできなかった。ついにフランク軍は隊列を乱して救援を求め後方へ向かって後退し、ナルセスは騎兵部隊を敵の核心部に向かって突撃させるための好機をつかんだ。彼はこのタイミングのよい攻撃で敵を粉砕し、ほとんどひとりの敵も逃さなかった。

ベリサリウスやナルセスの作戦上の関心は、一見したところ戦略面よりも戦術面にあるように思われる。というのは、軍の運動のほとんどが直接戦闘につながっており、他の偉大な将帥たちの作戦に比べて、敵の交通線に対する計算された機動を示す事例が少ないからである。だが、もっと詳細に検討してみると、このような印象は変わってくる。ベリサリウスは新しいスタイルの戦術的方法を編み出していた。彼はこの新しい方法を使って、自分の戦術に適合した条件のもとで、敵が攻撃してくるように敵を誘い込むことができるならば、数的にはるかに優勢な敵でも撃破できることを考慮に入れるようになったのである。その目的のためには、彼の軍が数的に劣勢であることは、(その劣勢がはなはだしいものでない限り)かえって利点となり、それは豪胆で直接的な戦略的攻勢と併用できる場合には特にそうであった。ベリサリウスの戦略は、このように兵站面を重視するよりも、心理面を重視するものであった。彼はどうすれば西ローマの異民族の軍隊を挑発して、彼らの自然本能である直接攻撃に駆り立てることができるかを知っていたのである。それらの異民族よりもさらに巧妙で練達なペルシア軍に対しては、彼はまずペルシア軍がビザンティン軍に対して抱く優越感を利用し、その後彼らが彼を畏怖すべきことを知ったときには、彼らペルシア軍の士気の沮喪を利用して、心理的に彼らを出し抜く手段とした。

彼は自分の弱さを力に変える芸術の巨匠であった。そして敵の力を弱さに変える巨匠でもあった。彼の戦術もまた間接的アプローチの持つ本質的特徴を備えていた。それは、敵のバランスを崩すことによって問題点を暴露させ、それを攪乱しうるようにするという、間接的アプローチであった。

彼は最初のイタリア遠征の間に友人から「そのようにはるかに優勢な敵に対処するとき、あなたが自信を堅持できる根拠は何であるか」と個人的に質問されたとき、次のように答えた。「私はゴート軍と初めて交戦したとき、ゴート軍の弱点を発見しようとよく観察した。そして彼らが兵力数に見合った実力を斉々《せいせい》と発揮できていないことを見てとった。その理由は、兵力過剰による用兵の困難さという点を除いて考えても、わが軍の騎兵部隊はすべて優秀な騎乗者から成るが、ゴート騎兵は乗馬の訓練が行きとどいていないことである。ゴート軍の騎乗者は槍と剣のみを使用するように訓練されており、他方、ゴート軍の徒歩弓手は、騎兵の掩護のもとでその後方で動くことに慣らされている。このようにゴート軍の騎乗者は近接戦闘以外では非効率的であり、その一方で槍と剣の到達距離外に停止して矢の雨を降らせるわが騎兵部隊を防ぐ手段を持っていない。ゴートの徒歩弓手は開豁《かいかつ》地で敵の騎兵に捕捉される危険を決して冒そうとはしない。そのため、騎兵を誘い込んでタイミングの悪い突撃をさせることが可能であり、また歩兵を掩護する騎兵が歩兵から離れて前進しているときには、ゴート軍の歩兵はしりごみする傾向がある。したがって歩兵と騎兵の結合が破れるときに、わが方が翼側から反撃をする間隙が敵軍側に生ずる」と。

ベリサリウスが開発した戦術組織と防勢・攻勢兼用戦略は、その後数世紀にわたって、ビザンティン帝国がその地位とローマの伝統を巧みに維持していく基盤となった。その間西ヨーロッパは暗黒の時代を過ごしつつあった。その後、これらのベリサリウスの方式が精緻化され、それにともなって東ローマ帝国軍が再編成されたことは、ビザンティン時代の二大軍事教科書であったモーリス帝の『ストラテギコン』と、レオの『タクティカ』を読めば知ることができる。こうして確立された軍事機構は、異民族の多方面にわたる圧迫に対抗し、さらにペルシア帝国の勢力を弱体化させた、マホメットによる征服の圧倒的な高まりにも十分対抗する力を備えていた。ビザンティン帝国はその外周の領土は失ったが、その本拠は無傷を保って存続した。九世紀のバシル一世の時代以降は、失われた領土は次々と回復された。十一世紀初期のバシル二世の時代には、五百年前のユスティニアヌス帝の時代以来の勢力の絶頂期を迎え、ユスティニアヌス帝時代よりもビザンティン帝国の立場はさらに安定していた。

しかしその五十年後にはビザンティン帝国の安定性は失われ、また、その将来展望はきわめて短時間のうちに失われてしまった。長い間平和が続いたために、危険に対して無関心となり、軍事予算は引き続き大きく削減され、それが軍事力の縮小と崩壊を引き起こした。

その頃、アルプ・アルスランの率いるセルジューク・トルコの勢力が勃興し、一〇六三年以降には、ビザンティン帝国では再軍備の必要性が遅ればせながら高まり、一〇六八年には将軍ロマヌス・ディオゲネスが皇帝の地位に就いた。これは危険に対処するための第一歩となった。ロマヌスは、陸軍の訓練効率を以前の水準にまで高める時間的余裕がないまま、時期尚早な攻勢作戦を開始した。彼はユーフラテス流域での緒戦の勝利に意を強くして、軍をアルメニア地方の奥地深く進め、マンツィケルト付近でセルジューク・トルコ軍と遭遇した。アルプ・アルスランはビザンティン軍の兵力の大きさに驚き、和平交渉を提案したが、ロマヌスはいかなる交渉にも先立って、アルプ・アルスランがその陣営を明け渡して撤退すべきであると主張した。しかしこれはアルプ・アルスランにとっては受け入れられない、体面の喪失を意味するものであった。ロマヌスはアルプ・アルスランに拒絶されると攻撃を開始し、ビザンティンの軍事的伝統を破って、機敏で捕捉しがたい敵との近接戦闘を求めたが果たせず、ますます深く敵軍に引きずり込まれていった。その間、敵の騎馬弓手の大群が絶えずロマヌス軍の前進を悩ました。日没時には、ロマヌスの軍は極度に疲労していた。ロマヌスが退却を命じたときには、軍の隊形は崩壊していた。そこでセルジューク・トルコ軍は、ロマヌス軍の両翼を包囲して接近し、包囲網の圧迫によってロマヌス軍は崩壊した。

この敗北は完全な惨敗であった。このためセルジューク・トルコはその後間もなく小アジアの大部分を一斉に侵略することができた。こうして攻撃精神と判断力のバランスを失った、ひとりの性急な将軍の愚行によって、ビザンティン帝国は再起不能の打撃を受けた。しかし同帝国は版図は縮小したが、その後四百年間にわたって存続するに十分な力を持っていたのである。

第5章 中世の戦争

この章は古代史の過程と近代史の過程の間の単なるつなぎとしての役割を果たしているにすぎない。というのは中世の軍事作戦のうちのいくつかは説明したい気にさせるものもあるが、中世の軍事作戦に関する資料源は、中世以前および中世以後の時代に比べてその数が乏しく、かつ信頼性も低いからである。原因と結果に関する演繹法で科学的真理を明らかにするためには、次の手順によることが安全である。まず、確立された事実を歴史分析の基礎に置くこと。次に、記録（原資料）のうえから見て、あるいは歴史的に見て、相互に矛盾した批判が存在し、そのいずれかを選ぶ必要がある場合には、価値ある確証的な事例を犠牲にしても、ある一定の時期を敢えて看過することである。中世の軍事史については、戦略的問題よりも戦術的問題をめぐって激しい論争が行なわれてきている。しかし正常な戦争研究者から見ると、こうして立ちのぼった論争の埃《ちり》は、戦術、戦略の両方にふりかかる傾向があり、中世の軍事史から抽出された演繹的結論に対してはおそらく過度に懐疑的にならざるをえないであろう。しかし、われわれのこの特定の研究分析においては、そのような懐疑的なものは除くとしても、なお中世軍事史上の挿話のうちのいくつかは素描してみる価値があり、挿話が潜在的に持っている興味や有益さを示す手段としては特に然りである。

中世の西ヨーロッパでは、封建的騎士道精神は軍事的な術（アート）にとっては有害なものであった。中世における軍事面の事の成り行きは単調で愚劣であったが、いくつかの光かがやくような出来事――多分他の時代と比べても比率上少ないことはないであろう――も存在したのである。ノルマン人は、その歴史の最も初期に、いくつかの光輝を放った。そして彼らの子孫は、中世の戦争の過程を輝かし続けた。彼らがノルマンの血に付与した価値は、その後、血の消費（その荒々しい流血の活動）に代えて頭脳を使うことに向けられたことによって、彼らノルマン人に著しく多くの利益をもたらした。

ほかの日付については知らなくても、紀元一〇六六年という年は、どんな児童でも知っている。この年は、決定的でしかも巧妙な戦術・戦略があったことできわだっている。それは係争問題の即決であっただけでなく、その後の歴史の流れ全体に対して決定的影響をおよぼした。ノルマンディのイングランド侵攻を指揮したウィリアムは、戦略的牽制を利用した。そしてそれによって最初から間接的アプローチの効力を手に入れた。その牽制というのは、イングランドのハロルド王に謀反した弟トスティグとその同盟者であるノルウェー王ハロルド・ハーラル三世とが、ヨークシャー海岸へ上陸したことであった。この上陸は、ウィリアムの侵攻ほどには切迫した危険であるとは思われなかった。しかしその危険の高まるのが速く、それは直ちに打ち破られたが、ウィリアムの侵攻計画の効果を高めた。ノルウェーの侵攻部隊がスタンフォード橋で撃破された二日後に、ウィリアムはサセックス海岸に上陸した。

彼はそこから北へ進まず、自軍のごく一部をもってケントとサセックスのふたつの地方を破壊・略奪することによって、ハロルド王の軍が南に向かって急行するように誘い込んだ。ハロルド王は南進するにつれて戦闘に訴えることが早くなり、自軍の増援兵力と離れるようになった。もしこれがウィリアムの計算による策であったとすれば、その計算があたったことはその後の出来事で裏付けられている。ウィリアムは、イギリス海峡の見えるヘースティングス付近でハロルドを戦闘に引き入れ、戦術上の間接的アプローチによって戦いに決着をつけた。それは、自軍の一部の兵力を使って偽りの戦闘行為を行なわせ、敵の部隊配備を攪乱したのであった。その最終段階で、高角度の火矢を放ち、それがハロルド王に命中してハロルド王は戦死した。これは「間接的な火のアプローチ」として分類できるであろう。

この戦勝後のウィリアムの戦略も重要な意味を持っていた。ウィリアムはロンドンに向かって直進せず、まずドーヴァーを手に入れ、海上交通線を確保した。ロンドン郊外に到達したとき、ウィリアムは直接攻撃を行なわず、ロンドン周辺に円形の略奪地区を作り、逐次これを西方と北方へ拡げていった。首都ロンドンは飢餓に屈して、ウィリアムがバーカムステッドに到達したとき降伏した。

次の十二世紀には、歴史上最も驚異的な軍事作戦のひとつが行なわれ、ノルマン人が戦争の天才であることを証明した。それは「強弓のアール」とウェールズ国境地帯出身の数百名の騎士団による、ノルウェーの強力な侵略の撃退と、アイルランドの大部分を征服する軍事作戦であった。それはきわめて少ない軍事的手段で遂行したこと、および森林・沼沢という行動のきわめて困難な地域を踏破したこと、また遠征軍が従来の封建的な戦争方式を改良し、それを一変させる適応能力等によるすばらしい成果であった。遠征軍は騎馬突破力を完全に発揮できる開豁地での戦闘に敵を引き入れるという方法をとり、また敵の戦列を切り崩すために、偽装退却、牽制、背後攻撃等を利用し、あるいは戦略的奇襲や夜襲をかけ、敵を防御施設の庇護の下から誘い出すことができない場合には、敵の抵抗を制圧するために弓を用いることにより、その巧妙さと計算力を示した。

しかしながら十三世紀には、戦略的巧妙さを示すより多くの事例が現われた。その最初の例が、ジョン王が自分の王国を救った一二一六年に起こった。ジョン王は自分の王国を、戦闘とは分離した純戦略に基づく軍事作戦によって救ったのである。彼の持っている手段は機動であり、要塞という強い抵抗力であり、イングランド市民がイングランドの貴族と、その同盟者フランスのルイ王に対して抱く嫌悪感につながる心理的な力などであった。フランスのルイ王がケントに上陸し、ロンドンとウィンチェスターを占領したとき、ジョン王は戦闘によってルイ王に対抗するにはあまりにも弱すぎ、またイングランドの国土の大部分は王に敵対する貴族らによって支配されていた。しかしジョン王は、まだウィンザー、リーディング、ウォリングフォード、オックスフォードの要塞を保持していた。特にオックスフォード要塞は、テムズ川の線を扼し、南北の貴族軍を分断していた。一方、ドーヴァーの要塞はルイ王の背後にあってまだ健在であった。ジョン王は退いてドーセットに立てこもったが、状況が明らかになるにつれて北進し、七月にはウースターに到達してセヴァーン川の線を確保し、それによって西方と西南方へと拡大しつつある反乱の波を防ぐための防波堤を固めた。彼はそこから、あたかもウィンザーを救援するかのように、すでに確保していたテムズ川の線に沿って東方へ移動した。

ジョン王は、自分がウィンザー救援に動いていることを攻囲軍側に信じこませるために、ウェールズの一支隊を派遣して敵の野営地へ矢を放ち、他方、彼自身は東北方へそれて移動したが、この出発が早かったため、敵より先にケンブリッジに到達することができた。今や彼は、北方へ通じるルートにまたがった別の防波堤を確立することができたが、一方、フランス軍の主力はドーヴァー要塞の攻囲に釘付けにされていた。ジョン王の治世はその年の十月の彼の死によって終わったが、彼が自分の敵対者と政治的不満分子の活動地域を制限し縮小することに成功したことは、反乱者とその同盟者の目的遂行の失敗をもたらした。彼が桃とビールの食あたりで死んだとするなら、その敵対者の希望は、戦略的拠点の食あたりによって死んだのである。

その次の成功しそうに思われた貴族たちの反乱は、一二六五年のエドワード王子（後のエドワード一世）の巧妙な戦略によって鎮圧された。シモン・ド・モンフォールは、ウェールズ国境地帯へ向かって前進し、セヴァーン川を渡り、勝利に向けてニューポートにまで進出した。国境沿いの郡部にいる支持者らと合流するため、貴族軍を脱出したエドワード王子は、敵の背後にあるセヴァーン川の橋を奪取してその背後を襲撃し、モンフォールの計画をつぶした。エドワードは、モンフォールをアスク川の対岸側へ駆逐しただけでなく、ニューポートにある自軍の艦船に積載された三隻の短艇を使って襲撃し、モンフォールが自軍をイングランドへ輸送して帰そうとする新しい計画を挫折させた。こうしてモンフォールは、反転してウェールズの不毛の荒野を通って北へ向かう消極的な行動を始めざるをえなくなった。一方、エドワードは、モンフォールの到着に備えてセヴァーン川を確保するため後退し、ウースターを拠点とした。そこでモンフォールの息子は、東イングランドからの軍を率いて父の救援のため進出してきたので、エドワードは、モンフォール父子の両軍が分離していて、状況に慣れないうちに両軍を各個撃破するため、自軍の中央位置を利用した。これは、まずケニルウォースで、次いでイーヴシャムで敵の両軍に対する再度の奇襲を行なうため、自軍の機動力を活用する方向への運動と、その反対方向への反転運動を行なうことによって達成された。

王になったエドワードはウェールズ戦争での軍事科学に一層大きな貢献をすることになった。その貢献は弓の使用、騎兵隊の突撃と火矢の結合といった技術的改良にとどまらず、征服の戦略的方式の面でも大きな改良を行なったのである。この戦略的征服方式の問題というのは、勇敢で野蛮な山岳民族を征服しなければならなかったということであった。彼らは戦闘を回避して丘陵地帯へ退避し、わが方が越冬のため作戦を中止すると、再び盆地を奪還しにきた。エドワード王の持っていた資源は比較的乏しかったが、彼の国土面積も狭小であるという利点を持っていた。彼の解決策は、機動と戦略拠点の併用にあった。彼はこれらの戦略拠点に砦を築き、砦相互をつなぐ道路を作って、敵を常に移動状態に置くなどの方法により、肉体的、心理的に回復する余裕を敵に与えず、あるいは冬期間に丘陵地帯へ退避することを許さず、こうして山岳民族の抵抗力を分断し、消耗させた。

しかしながら、エドワード王の戦略的才能も、彼一代で絶えてしまった。そして百年戦争の間、彼の孫あるいは曾孫が行なった戦略からは、反面教師として以外は何ら学ぶべきものはない。フランス中に残した彼らの無目的な行進の跡は非常に非効果的であった。そして彼らが被った何回かの重大な事件は、彼らの大きな愚行の結果であった。クレシーとポアティエの作戦で、エドワード三世と彼の長子の黒太子はそれぞれ悲惨な状況に陥った。しかし自分たちが意図したものではないが、このふたりはきわめて大きな「間接的アプローチによる利益」を手に入れた。それはイギリス軍の苦境そのものが、直接的アプローチを考える敵を、その最も不利な条件のもとでもっぱら戦闘に突っ込ませる誘因となったからである。こうしてイギリス軍は苦境から脱出するチャンスを手に入れた。イギリス軍は自ら選んだ地点での防御戦闘において、無駄な戦術をとるフランス騎士団に対して長弓を使用したために戦術的優位を確保できたのである。

しかしながら、前記の戦闘における敗北の厳しさは、最終的にはフランスにとって有利に働いた。というのは戦争の次の段階で、フランス軍は、ドゥ・ゲクランの「フェビアン方式」を固守したからである。ドゥ・ゲクランがとった戦略は、イギリス軍主力との戦闘を回避する一方で、敵の行動の自由を妨害し、その占領地域を縮小させることであった。彼の戦略は消極的な戦闘回避とは違って、敵の護衛された輸送隊を遮断し、その支隊を粉砕し、また孤立した守備隊を捕獲したりした。それはほとんどの将帥がとることができないほどの「機動力」と「奇襲」を利用したものであった。孤立した敵の守備隊に対する彼の奇襲は、常に「敵の最も予期しない路線」を選んで行なわれ、しばしば夜間に行なわれた。その際、彼の発案した急襲方式を用いたこと、敵の守備隊員たちの不満や住民の反逆気運の高まりなどの条件を備えた目標を、心理的な面から計算したうえで選んだことが役立った。また彼は、常に現地における不安・動揺を煽動した。これは直接的には敵の注意を牽制することを狙ったもので、最終的には敵の占領地域から敵を駆逐することを狙ったものであった。

ドゥ・ゲクランは五年も経たないうちに、初めは厖大であったイギリスの占領地を、ボルドーとバイヨンヌの間の細い帯状地へと縮小させた。彼はこれを戦闘をせずに成しとげた。事実、彼はたとえ敵が小部隊であっても、それが防御配備をとる時間的余裕がある場合には、その敵に対して攻撃を決して強行しなかった。他の将軍たちは金貸しがするように、「安全保障なしではアドヴァンス（「前貸し」と「前進」の意味をかけている）はしない」という原則を守っていたが、ドゥ・ゲクランの原則は「奇襲によらない攻撃はしない」であった。

イギリスが本気で着手した次の対外征服の企図は、その開始は向こう見ずのものであったが、少なくともその方式、目的、手段が綿密に計算されていることは示唆に富むのであった。ヘンリー五世の最初の作戦はきわめて愚かなものであった。一四一五年に行なわれたヘンリー五世の「エドワード式示威行進」を阻止するため、フランス軍はイギリス軍を飢餓によって崩させるという対抗手段をとっただけであった。しかし、フランス軍首脳部は、クレシーの教訓とドゥ・ゲクランの教えを忘れていた。彼らは四対一の優勢に立っているので、直接攻撃以外は恥であると考えた。そのため、彼らはクレシーとポアティエの失敗の不名誉を再現することになった。ヘンリー五世は運よく脱出して、「ブロック・システム」と呼ばれる戦略をとった。これは整然と、段階的に領土を拡大することによる永続的征服で、領土を確保する手段として住民を懐柔するものであった。この後のヘンリー五世の作戦の重要性と価値は、戦略面というよりも大戦略の面にある。

中世の戦略の領域に関するわれわれの研究はエドワード四世をもって終わりとしてよいであろう。

エドワード四世は一四六一年に王位につき、後に海外へ亡命してから異例の機動力を使って一四七一年に再び王位に就いた。

彼の最初の作戦の成果は、主として判断力と機動の迅速さによるものであった。エドワードは敵対するウェールズのランカスター地方の部隊の主力が北方からロンドンへ向かって進行中という情報を入手し、それと対戦した。彼は軍を反転させて、二月二十日にグロスターに到着した。そこで、二月十七日にランカスター軍がセント・オールバンズで、ウォーウィックの率いるヨーク軍を破ったことを知った。セント・オールバンズとロンドンの間は二十マイルあり、グロスターとロンドン間は百マイル以上もあった。ランカスター軍はエドワード側よりも三日間も多く時間を稼いでいた。しかし二十二日には、彼はバーフォードでウォーウィックの軍と合流し、ロンドン市自治会が市の城門を閉じて依然として降伏条件について協議していることを知った。翌日、エドワード四世はバーフォードを出発し、二十六日にはロンドンに入って王位に就いたことを宣言、敗走するランカスター軍は北方へ退却した。そのランカスター軍を追跡しているとき、エドワードは敵がタウトンに選定した陣地で、その優勢な兵力を攻撃するという大きな冒険を冒した。しかし偶然にも雪嵐が発生し、彼の部下フォーコンバーグが雪嵐に目のくらんだ敵を弓射によって苦しめ、ついに混乱のうちに突撃を行なうという最後の手段に敵を駆り立てたため、エドワード四世は再び有利な地位を奪還できた。

一四七一年には、エドワードの戦略はより巧妙になり、機動性も以前に劣ることはなかった。彼は一時王位を失っていたが、自分の義兄弟から五万クラウンを借り、千二百名の部下を持ち、イングランドにいる以前の支持者から援助の誓約をとりつけていたので、自分の運命の挽回を図ろうとした。彼がその企図を持ってフラッシングを出帆したときには、イングランドの沿岸地方では彼を警戒して見張っていた。しかし彼は敵が最も予期しない路線に沿って進み、ハンバー地区は（ランカスター側であるが）彼に同情しているため警備を行なっていないであろうという抜け目のない計算をして、ハンバー川付近に上陸した。彼は自分が上陸したという知らせが広まって敵が集まってくる前に迅速に移動し、ヨークに到着した。そこから彼はロンドンへ通じる道を前進し、タッドカスターで進路に立ち塞がる敵を巧妙に迂回して、彼の追跡に転じた敵部隊に対して主導権を確保した。次に彼はニューアークで彼を待っていた別の敵部隊に脅威を与えたため、その敵部隊は東方へ退却した。彼は直ちに西南方へ転進してレスターに到着し、そこで自分の支持者を獲得した。彼はコヴェントリーへ向かった。しかし、コヴェントリーには彼の主要な敵となったウォーウィックが兵力を集結していた。敵のふたつの追撃部隊をコヴェントリーへ引きつけておき、敵に犠牲を払わせて自軍の兵力を増強してから、彼は東南方へ転進し、自分のために城門を開いていたロンドンへと直進した。今や戦闘を受けて立つだけの力を持っていると考えた彼は、長い間巧みに裏をかいて困惑させてきた敵のふたつの追撃部隊がバーネットに到着するのを迎え撃つために前進を開始した。バーネットでは霧のため混戦になったが、戦闘は彼の勝利で終わった。

この勝利の日と同じ日に、ランカスター派の女王、アンジューのマーガレットは、若干のフランスの傭兵を率いてウェイマスに上陸した。彼女は西部における自分の支持者を集め、ウェールズでペンブローク伯爵が編成した軍と合流するため前進した。エドワードは再び迅速に行動し、コッツウォルズの先端に進出した。他方、マーガレット女王の軍はブリストルとグロスターの間の道路に沿って谷地の中を北進中であった。一日がかりの競争のような行軍の後、一方の軍は谷地に布陣し、もうひとつの軍はその谷地の上方の高地に布陣するという態勢をとった。エドワードはグロスター市の城守に門を閉じるようあらかじめ命じておいた。マーガレットの軍がセヴァーン川をグロスターで渡河するのを阻止しておいて、その夜チュークスベリーで女王の軍を捕捉した。この日、エドワードの軍が進軍した距離は約四十マイルであった。その夜、彼は女王の軍が脱出ができないほど近接して野営した。女王の軍の陣地は堅固に防御されていた。しかし彼は自軍の砲兵隊と弓手隊で敵を悩ませて、敵が突撃してくるよう駆り立てた。こうして午前中の戦闘では彼は決定的な勝利を収めた。

エドワード四世の戦略は、機動性という点ではひときわすぐれていたが、中世という時代に典型的に見られるように、巧妙さに欠けていた。というのは、中世における戦略は、通常の場合、直接戦闘を求めるという単純で直接的な目的を持っていたからである。もしも戦闘の結果が決定的でない場合には、敵の防御軍が戦術的に攻撃に転ずるよう誘導できない限り、先に決戦を求めたほうが決定的に不利になるのが通例であった。

中世における戦略の最もよい事例は、西ヨーロッパよりも東洋に始まるものである。というのは、十三世紀に西ヨーロッパで戦略がめざましい発達をとげたのは、モンゴル人がヨーロッパの騎士団に伝授した恐るべき戦略の教訓によるものだったからである。モンゴル人の遠征は、その規模、質においても、その奇襲、機動性においても、また戦略、戦術上の間接的アプローチにおいても、歴史上これらを凌駕し、これに匹敵するものはない。ジンギス・カンが中国征服の過程で、次々に敵を陥穽に陥れるための囮として大同府を利用したことが知られているが、これは後にナポレオン・ボナパルトがマントヴァ（北イタリア）の要塞を利用したのと同じやり方である。ジンギス・カンは三つの軍を統合して運用し、広範囲にわたる機動を行ない、全帝国の精神的・軍事的な団結をついに崩壊させた。一二二〇年ジンギス・カンがカリスミア帝国（その中心は現代のトルキスタンにあった）に侵入したときには、南のカシガルからの接近路に敵の注意を引きつけて牽制するために、兵力の一部を差し向け、主力の集団は北方から現われた。その主力集団の作戦の掩護の下に彼自身は予備軍を率いて、さらに遠く迂回して、いったんキジル・クム砂漠の中に姿を消した後、敵の戦線と軍の背後にあるボカラへ奇襲によって進出した。

一二四一年、ジンギス・カン麾下の将軍スブタイは、二重の意味でヨーロッパに教訓を与えることになる出陣をした。戦略的側衛の一軍が、ポーランド、ドイツおよびボヘミアの諸軍の注意を引きつけながらいたるところで敵を撃破しつつ、ガリシアを通って前進する一方、三つに広く間隔をとった三個縦隊となった主力軍が、ハンガリーを通過しドナウ川に至る地域を掃蕩した。この進撃では、主力軍内の左右両翼の縦隊は、少し遅れて前進した中央縦隊の掩護と掩蔽の役割を果たした。ドナウ川に沿ったグラン付近で集中したモンゴル軍は、対岸に集結したハンガリー軍によって前進を阻止されたが、巧妙な段階的退却により、敵を河川を利用した退避壕から引き離し、増援兵力から離隔させるよう誘引を図った。そこでスブタイは直ちにサジョ川の線まで夜間の機動と奇襲を行ない、ハンガリー軍を攪乱、殲滅し、中央ヨーロッパ平原の支配者となった。これはその一年後に彼が自発的にその征服活動を中止するまで続いた。しかしヨーロッパにはまだスブタイを駆逐するだけの力がなく、[1]この思いがけなく現われた救いの手にひたすら驚喜したのであった。

(1) モンゴル軍の戦略・戦術については、旧著『覆面をとった偉大な将帥たち』でさらに詳しく扱っている。これは、一九二七年に創設された最初の実験的機械化部隊の教科書として選定された。

第6章

十七世紀

グスタフ、クロムウェル、テュレンヌ

今やわれわれの考察は、近代史上の初めての「大戦争」(一六一八〜四八年。三十年戦争)を扱うところまできた。ここに至るまでの長い過程で行なわれた作戦は、いずれも決定的なものでなかったことが明らかになっている。

最も近い時代の作戦は、グスタフ・アドルフの率いるスウェーデン軍(プロテスタント)と、ハプスブルク軍(カトリック)を率いるワレンシュタインの間で戦われた最後の決闘であり、それはリュッツェンの戦いの最高潮期にグスタフ・アドルフが戦死したため、スウェーデンの主導のもとでの大プロテスタント同盟の可能性が失われたという意味で決定的なものであった。フランスの介入とワレンシュタインの暗殺がなかったら、ドイツの統一はそれが達成された時期よりも三世紀も早く達成されていたであろうという意味で、決定的なものとなったであろう。

このような結果と可能性はいずれも間接的アプローチによって得られたものであった。というのは、この作戦の最高潮であった戦闘だけが、それまで有利な戦勢を保っていたカトリック側の敗北

に終わったからである。この敗北の原因は、ひとつにはワレンシュタインの戦力がスウェーデン側の戦力よりも劣っていたことと、もうひとつには、ワレンシュタインが自らの戦略的好機を戦術的に利用できなかったことである。グスタフはリュッツェンの戦闘に先立って有利な地位を確保していたが、ワレンシュタインが三回連続して間接的アプローチを適用してきたため、その有利な地位の価値を台なしにしてしまった。つまりそれらの間接的アプローチが、戦争の全局面を一変させてしまったのである。

一六三二年、ワレンシュタインはそれまで彼を不当に扱ってきた皇帝(フェルディナンド二世)の卑しむべき懇願によって、まだ実際には存在しない軍を指揮するために召還された。ワレンシュタインは彼の名声を慕ってきた軍人約四万人を三か月以内に集めた。ワレンシュタインはバイエルンからの緊急の支援要請があったにもかかわらず(当時、バイエルンはグスタフ・アドルフの征服軍によって侵略されていた)、その要請に応えず、グスタフの弱小同盟国のザクセン方向に北進し、ザクセン人をボヘミアから駆逐した後、ザクセン公国それ自体をめがけて軍を進めた。ワレンシュタインは気の進まないバイエルン選挙侯にその陸軍を自軍に合流するよう強制したので、バイエルンは以前よりも防御力が落ちたことが明らかになった。しかし、その後、現実にはグスタフのバイエルン侵略は起こらず――これはワレンシュタインの計算が妥当であることを示すものであった――グスタフは弱小の同盟者ザクセンの喪失を恐れてバイエルンを放棄し、ザクセンの救援に急行せざるをえなくなった。

グスタフの到着する前に、ワレンシュタインとバイエルン選挙侯はその兵力を統合していた。グスタフはこの合流した両軍から離れ、後退してニュルンベルクに立てこもった。ワレンシュタインはその後を追ったが、スウェーデン軍の堅固な陣地を見て、「戦いはもう十分行なわれた。今や別の方策を試みるべきである」と所見をのべた。彼は新たに徴募した自軍を長い間不敗の伝統を持つスウェーデン軍と戦わせることを避け、堅固な陣地を築いてそれを根拠地とした。その陣地からは自軍の軽騎兵をもってグスタフ軍の補給線を扼《やく》することができる一方、自軍をその陣地内で安全に休養させ、次第に自信をつけさせることができた。彼は挑発にはまったくのらず断固としてその方式と目的を堅持したので、グスタフは無気味な飢餓の亡霊につきまとわれて、その陣地から無益な出撃を企図した。軍事的に見れば、彼の出撃と敗北はたんなる不幸な出来事にすぎなかったのだが、政治的な反響は全ヨーロッパに鳴りひびいた。その撃退は敵を攪乱させることはなかったが、グスタフがそれまでの多くの勝利によって得た精神的威信を阻害し、それによってドイツ諸国に対するグスタフの掌握力を弱めることになった。ワレンシュタインは、自分の手段の限界を現実的に把握し、それを大戦略の目的に対する将来の見通しと組み合わせたのである。

　グスタフは、ニュルンベルクから再びバイエルンに向かって前進した。ワレンシュタインはそれを追跡せず、ザクセンに向かって北進したが、これは卓越した機動であった。この機動は、それまで同様に直ちにグスタフの追跡を招くことになった。しかし、ワレンシュタインがザクセンを威嚇して単独講和を結ばせる以前に、グスタフは堂々たる行軍により現地に到着した。その直後のリュッツェンの激戦で、スウェーデン軍はその戦略上の失敗を戦術上の成功をもって取り返したが、その際指導者グスタフの死という高価な代償を支払うことになった。そしてこれは、スウェーデンの指導の下での新教徒大同盟という、グスタフの計画を挫折させることになった。
この戦争はその後十六年間もの長期にわたって続けられ、疲弊と浪費をもたらした。ドイツは不毛の地と化し、フランスをヨーロッパにおける支配的地位へと押し上げたのであった。

一六四二年から一六五二年にわたる、決戦追求の精神をもって戦われたイングランド内戦は、同じ時期に行なわれたヨーロッパ大陸での戦争とは著しい対照をなしている。それは、デフォーの著作『騎士党員の回想』に次のように巧みに表現されている。「われわれは宿営地を設けたり、陣地に立てこもったり、あるいは河川や隘路を掩護に使って休んだりしたことは決してなかった。敵はどこにいるのか、行って敵と戦おう――というのがわれわれ共通の格言であった」と。

このような攻撃精神が発揮されたにもかかわらず、第一回の内戦は、戦術的なものを除いて、明瞭に決定的なものを生み出す戦闘は一回も行なわれずに四年間も続いた。そして一六四六年に内戦が最終的に点火されたときには、王党派はその数が非常に多いうえに熱烈であったので、勝者間の不和が強まるに従ってその火は燃えあがり、その二年後には、以前にもまして激しく燃えあがるようになった。

決戦を求める精神がきわめて明確なのに、戦いに決着がつかない理由を検討するときには、われわれは軍事作戦が相互に直進的前進を繰り返したことに注目すべきであろう。現代用語でいえばこれは「掃蕩作戦」であり、兵力の枯渇を代償にして、単に局部的かつ過渡的な成果を収めるにとどまるものである。

最初、王党軍は西部および中部の地方を根拠地としていた。また議会党側はロンドンを根拠地としていた。第一回の王党軍のロンドンへの前進は、ターナム・グリーンで不面目な結果に終わった。これはしばしば「イングランド内戦のヴァルミー」と呼ばれている。それは、この王党軍の前進よりも前に両軍の主力が戦ったエッジヒルの戦闘で、流血を見ながら決着がつかなかったことの精神的な影響として、この前進が無血で終わったためにそう呼ばれる。

そのとき以来、オックスフォード市とその周辺の町が王党軍の中心的な要地となった。この地域の縁端で、両軍の主力は長期間にわたって何の効果もなく対峙していたが、一方、西部、北部の地方では、地方の部隊や支隊の間でシーソーゲームのような戦いが続いていた。一六四三年九月、ついに攻囲されていたグロスター市からの緊急の催促によって、エセックス卿の率いる議会派軍主力が、オックスフォード地域の翼側を迂回してグロスター市救援のため前進せざるをえなくなった。そこで王党軍は議会派軍主力とその本拠を連絡する路線を閉鎖することが可能になった。しかしニューベリーで行なわれた両軍の直接対決はまたもや決着を見ることなく終わった。

チャールズ一世がアイルランドの叛徒らと休戦協定を結ぶという政治的失策を犯さなかったならば、当然生じてくる戦争による疲弊のため、今や内戦を交渉で終結させることができたかもしれない。このアイルランドの叛徒らとの休戦は、旧教のアイルランドが新教のイングランドを屈服させるという外観をとったが、それはかえって長老派のスコットランドの比重を増大させ、王党派に反対する立場に立たせることになった。議会派軍は、スコットランド軍が北部の王党派軍と戦うために前進しつつあるという事実に勢いを得て、オックスフォード地帯に向かって直接前進するため、再び兵力を集結した。この直接的前進は、オックスフォード地帯周辺の二、三の要塞を占領したほかは、何らの大きな成果も収めなかった。事実、チャールズ一世は、スコットランド軍と戦うため、北部の王党派軍と迅速に集結するためルーパート公を派遣することさえできたはずである。王にとって不幸なことに、マーストン・ムーアで被った戦術的敗北は、この戦略的好機の効果を帳消しにする以上のものがあった。勝った側にもほとんど得るところはなかった。議会派軍の主力によるオックスフォードへの直接前進がまたもや効果なく終わったことにより、士気の沮喪と逃亡が現われた。クロムウェルのような不屈で、目的を堅持する人物でなければ、戦争による疲弊による講和を求めることになったかもしれない。議会派軍にとって幸福だったのは、王党派の内部分裂はさらに激しくなり、その痛手は外部から受けた打撃による損害よりも大きかったことである。こうして議会派軍にとって王党派軍は、議会派軍のそれまでの誤った戦略によってようやく命脈を保っている、精神的にも数的にも劣勢な敵にすぎなかった。フェアファクスとクロムウェルは新編制の議会派軍（New Model army）を率いて、一六四五年、ネイズビーで王党派軍を打倒した。しかし、この戦術上決定的な勝利でさえも、戦争がさらに一年間延長されるのを阻止できなかった。

二十八歳のジョン・ランバートというすぐれた補佐官を持ったクロムウェルが総指揮にあたった第二次イングランド内戦になると様相は一変した。一六四八年の四月下旬に、スコットランド軍が王党派の支援のためイングランドへ侵入しようとして軍の増強を図っているということがわかると、フェアファクスはスコットランド軍を迎撃するため北進を準備した。一方、クロムウェルの軍は南ウェールズ地方における王党派の蜂起に対処するため、西部へ派遣された。しかし、ケントと東アングリアでまた暴動が起こったため、フェアファクスはそれに縛られて動きがとれず、また北部方面へのスコットランド軍の侵入は拡大しつつあった。ランバートは、その侵入軍の行動を遅滞させるための小部隊を与えられていた。彼は西海岸に沿って南進してくる侵入軍の翼側に絶えず脅威を与えるという間接的方法で大きな効果をあげる一方で、ペニン山脈を越えてヨークシャーにいる同志らを糾合しようとする敵側のあらゆる企図を阻止していた。

ついにペンブローク市が陥落し（一六四八年七月十一日）、その直後、クロムウェルは、北進することが可能になった。彼はスコットランド軍に遭遇しないように直進を避け、大きく迂回してノッティンガムとドンカスターの近くを通過し、途中で補給物資を徴集し、スコットランド軍の翼側にいるランバートの部隊とオトレーで合流するため西北方へ前進した。スコットランド軍はウィガンとプレストンの間に一列になって軍備されており、その左翼を掩護するためラングデールの率いる兵力三千五百の部隊があった。敵の総兵力二万余に対し、クロムウェルの兵力は、ランバートの率いる騎兵とヨークシャーの民兵を含む八千六百だけであった。しかし、彼がプレストンにあるスコットランド軍の背後に向かって進出してきたため、その敵軍を攪乱することになった。そのため敵は兵力の一部を逐次クロムウェルの軍と遭遇させる形で方向変換をしなければならなくなった。ラングデールの部隊はプレストン・ムーアで打倒された。その後の追撃による圧迫は激しかった。クロムウェルはスコットランド軍の縦隊を圧迫し、ウィガンを経てアトックゼターへ駆逐した。アトックゼターでは中部出身の民兵が敵の正面を阻止し、クロムウェルの騎兵がその敵の背後に圧迫を加えた。八月二十五日に敵は降伏した。この勝利は決定的なものであった。それは議会派軍に対する敵を打倒しただけでなく、軍が議会を「粛清」することを可能にし、国王を裁き処刑することを可能にした。

次のスコットランドへの侵入は、全く別の形の戦争であった。それは、スコットランドの援助を受けた王の息子（後のチャールズ二世）が失った王位を再び手にしようとする計画に、新たに成立した共和制イングランドが先手を打つものであった。こういう戦争では、歴史の流れに決定的影響をおよぼすような種類の作戦は考えにくい。それと同時に、この戦争は、クロムウェルが間接的アプローチの戦略をいかによく理解していたかを示す、明らかな証拠を提供している。クロムウェルは、レスリーの率いるスコットランド軍が、エジンバラに通じる自軍の使用道路をまたいで陣取っていることを知ると、連絡路回復のための小規模の戦闘を行なっただけで、レスリー軍の兵力や陣地の堅固さを知ろうとはしなかった。目標は視界内に収まるほど近く、補給は不足しているにもかかわらず、彼は不利な地点での正面攻撃を回避するだけの自制力は持っていた。彼は生来戦闘に走る性格であったが、敵を開豁地に誘い出して暴露した翼を攻撃する機会がない限り、攻撃の冒険に出ようとはしなかった。そこで彼は退いてマッスルバラに立てこもり、自軍の糧食給養のためさらに後退してダンバーに立てこもった。それから一週間以内に彼は再び前進し、マッスルバラまでくると、エジンバラの丘陵地帯を通って敵の背後に進出するための大機動の準備をし、三日間の糧食を支給した。レスリーがコースターファイン・ヒルでクロムウェルの進路を直接閉鎖するための移動に成功し（一六五〇年八月二十一日）、自軍の根拠地から遠く離れたクロムウェルはレスリー軍の左へ向かって機動によって別のアプローチを行なおうとしたが、レスリー軍によってゴーガーで再び封鎖された。このような場合には、大抵の人間は直接攻撃という冒険に訴えるものだが、クロムウェルはそうはしなかった。強い日射しと疲労による病気の不利を除くため、彼はマッスルバラに立てこもり、そこからダンバーへ後退し、レスリー軍を引きつけた。しかしながら彼は、一部の士官たちが意見具申するような攻撃は開始せず、敵が自軍に好機をもたらすような誤った行動をとることを期待してダンバーで待機していた。

しかしながら、レスリーは抜け目のない相手で、彼のとった次の行動は、クロムウェルの危険をさらに増大させた。レスリーは主要道はそのままにしておき、九月一日の夜、ダンバー付近を大きく迂回し、ベリックを俯瞰するドゥーン・ヒルを占領した。彼はそこから七マイル南方のコックバーンズパスの山道を奪取するため一支隊を派遣した。翌朝クロムウェルは自軍とイングランドの間が遮断されていることを知った。彼は苦境に立たされていた。彼の軍は補給品がすでに不足しており、彼の病気も長びいていたからである。

レスリーはクロムウェル軍がベリックへ通じる道路に沿った進路の啓開《けいかい》を強行するものと予想し、その際は上から下を狙って攻撃することを計画して丘陵地帯で待機していた。しかしカーク（スコットランド教会）の司祭たちは「神の仕置きが罪ある者に降る」のを早く見たいと望んだ。そして彼らの騒然とした動きは、敵侵攻軍が海路によって逃げようとする徴候が認められたことによってさらに強まった。そのうえ、九月二日は嵐が非常に激しくスコットランド軍はドゥーン・ヒルの裸の山頂から吹き飛ばされそうになった。午後四時頃、スコットランド軍は斜面を降下中で、ベリックの道路付近で陣地を占領中であることが認められた。これはスコットランド軍が風雨を避けるためであったが、同時に同軍の正面はブロック川（海の近くまで深い峡谷の間を流れている）を掩護として利用できた。

クロムウェルとランバートは、この敵の行動を見守りながら、同時に次のようなことを考えていた。「これはわが企図に好機と有利な地位を与えるものだ。というのは、スコットランド軍の左翼は丘陵を峡谷の間に楔形に割り込んでおり、その右翼が集中攻撃を受けたとき、左翼による右翼の救援は困難であるから」と。その日の夕方の作戦会議で、ランバートは、直ちに敵の右翼に打撃を与えてその戦線を席巻すると同時に、窮屈な態勢にある敵の左翼に対して砲撃を集中するという案を示した。彼の主張が作戦会議をリードすることになり、クロムウェルはランバートに作戦の主導権を与え、行動の開始を彼に一任した。その夜のうちに部隊は整然とブロック川北岸に沿って布陣した。砲の照準を敵の左翼に合わせて、ランバートは自軍の左翼側へ馬を駆って戻った。払暁時に海の近くからの騎兵の攻撃を指揮するためであった。奇襲の利を得て、騎兵と中央の歩兵は何らの困難もなくブロック川を渡河することができた。一時前進は阻止されたが、クロムウェル軍の予備兵力が戦闘に参加したために海側の翼の戦勢が好転したため、クロムウェルはスコットランド軍の戦線を右から左へ向かって席巻し、最後には丘陵と峡谷の間に追いつめ、スコットランド軍はそこからかろうじて脱出し敗走した。こうして自信過剰な敵の失策に直ちに乗じて、戦術的な間接的アプローチにより、クロムウェルは自軍の二倍の兵力を持つ敵を粉砕した。クロムウェルは、自分の間接的アプローチの戦略を放棄させようとする誘惑を、自己の運命を狂わせる可能性のある危険を冒してまで、すべて拒否することによって、この作戦の勝利を確実にしたのである。

ダンバーで勝利したクロムウェルは、スコットランド南部の支配権を獲得した。クロムウェルは、スコットランドの長老派教会の軍を掃蕩し、政治勢力としての長老派の誓約者たちを、戦いのバランスシートから消去してしまった。クロムウェルに反対していたのは、(スコットランドの山岳地方の)ハイランドに残存していた純粋王党派だけになった。戦後の処理がクロムウェルの重病のため遅々として進まないうちに、レスリーはフォース川の彼方で新たに王党派軍を編成し、それを訓練するための余裕を手に入れていた。

一六五一年六月下旬、クロムウェルは、健康が十分に回復し、作戦を再開できるようになったとき、困難な問題に直面していた。その問題への彼の解決策は、その巧妙さとすぐれた判断から見て、戦史上いかなる戦略にもひけをとらないものであった。彼は今や初めて兵力の数的優勢の立場に立ったが、湿地と荒野の多い地域に拠点を持つ抜け目のない敵に直面していた。そのような地域は、クロムウェルの軍のスターリング市への近接路を阻止する点で、兵力の劣る敵にあらゆる地の利を与えるものであった。短期間でこの敵の抵抗を打破しなければ、クロムウェルはスコットランドでもう一度越冬するという困難に遭わなければならないことになる。そうなれば自軍の苦しみは避けることができず、本国でもいろいろの困難が生起する可能性があった。敵をその本拠から追い出すだけでは不十分であった。部分的な成功では敵をハイランドの中へ追い散らすだけであり、ハイランドの敵はクロムウェルの脇腹に刺さった刺であり続けるからである。

その問題に対するクロムウェルの解決策は見事なものであった。まず彼はフォルカーク付近のカランダーハウスを襲撃し、レスリー軍に脅威を与えた。その後彼は全軍をフォース川河口で渡河させ、パースへ前進した。これによって、スターリングへの直接の近接路を扼《やく》するレスリーの防勢用阻止線の方向を転換させただけでなく、レスリー軍の補給地域を制する要点を占領した。クロムウェルはこの機動によって自軍のイングランドへの交通線を敵に向かって暴露させた。まさにここにこそ、クロムウェルの計画の巧妙さの極致が隠されていた。彼は今や飢餓と逃亡に脅かされている敵の背後にあって、敵の退路を一か所だけ開けておいた。このときのことを敵兵のひとりがのべている。「われわれは飢えて解隊するか、数名の兵員を連れてイングランドへ行くかのどちらかしかできない。後者のほうがよいと思われるが、しかしそれも絶望的なことと思われる」と。彼らは必然的に後者の途をとり、七月下旬にイングランドへ向かって南進を開始した。

　クロムウェルは、あらかじめこのことを予期しており、ウェストミンスター市当局の援助を得て、この敵に対する処置を準備していた。民兵は即時召集され、王党派嫌疑者はすべて監視下に置かれ、隠匿兵器は没収されていた。スコットランド軍は、再び西海岸に沿って南下した。クロムウェルは、ランバートの騎兵を派遣してそれを追跡させ、ハリソンに命じてニューカッスルからウォリントンへ斜め方向に敵前を横断して機動させ、フリートウッドに、中部地方の民兵を率いて北進させた。ランバートは敵の翼側を迂回して八月十三日にハリソンと合流した。ランバートとハリソンの両部隊は、侵入するスコットランド軍に対し、弾力的な遅滞を目的とする抵抗を行なった。その間クロムウェルは、八月の炎天下を一日二十マイルの速度で、まず東海岸ルートを南下し、続いて西南方へ進んだ。こうして四つの部隊が罠にかかった侵入軍と会敵するように進撃していった。チャールズ二世がロンドンに向かう進路をセヴァーン河谷のほうへ転じた努力も、敗北をわずか二、三日先に延ばしただけであった。九月三日、前年の同じ頃ダンバーで戦い、ウースターの戦場で戦った敵は、クロムウェルに勝利の栄冠を捧げることになった。

三十年戦争の終結とスペイン継承戦争開始との間で果てしなく続いた戦争では、フランスのルイ十四世の陸軍は、ヨーロッパの他の大部分の国の陸軍と、あるときは集団的に、あるときは各個に対戦したが、それらの戦争の結果は著しく非決定的なもの（決着のつかないもの）であった。戦争目的はしばしば制限され、目標も制限されていた。このように戦争に決着がつかなかったことの根本的原因は、第一に築城術の開発が兵器の改良の速さを上まわったため、防勢に対して優位を与えたためであり、これは二十世紀初頭に機関銃が開発され、防勢に対し再び優位を与えたのと同じような出来事であった。第二にヨーロッパ諸国の陸軍は、それを構成する各部隊が、補給・輸送・給養等に必要な機能を備えた継続的な自足性をもって編成されておらず、通常は一国の陸軍が一体となって戦闘を実施していたため（敵をあざむき、その行動の自由を制肘《せいちゅう》するという）牽制力を制約する条件となっていたためであった。

フロンドの乱、スペイン継承戦争、オランダ戦争、大同盟戦争として知られる一連の戦争の過程で、ただひとつの作戦だけが、決戦という特別の局面から見て決定的なものであることをはっきりと説明している。それは一六七四〜七五年冬の作戦で、テュレンヌがテュルクハイムで勝利の栄冠に輝いたことである。それはフランスにとっては危機存亡のときであった。ルイ十四世の同盟者たちは次々と彼から離れ、他方、スペイン、オランダ、デンマーク、オーストリア、ドイツ諸侯の大部分は敵の連合に加盟していた。テュレンヌはパラティネート公国を荒廃させた後、ライン川を越えて退却せざるをえなかった。ブランデンブルク選挙侯はブールノンヴィルの率いる神聖ローマ帝国陸軍と合流するため、集中を実施中であった。テュレンヌは一六七四年十月に、ブランデンブルク選挙侯が到着する前に、ブールノンヴィルの軍に対しエンツハイムで阻止行動に出た。しかし、彼はデットワイラーへ撤退せざるをえなくなった。一方、ブールノンヴィル麾下のドイツ軍は戦線を拡大してアルザス州へ突入し、ストラスブールとベルフォールの間の町々で冬営に入った。

これでテュレンヌの見事な作戦のための舞台装置は完成した。彼がこの真冬の作戦を始める決心をしたときには、すでにその中に最初の奇襲の構想が入っていた。彼は敵をあざむくため、アルザス中部の要塞に防御態勢をとらせた。そこで彼は全野戦軍を静かにロレーヌへ後退させた。次に彼はヴォージュの高地を掩蔽に使って迅速に南進し、途中でできる限り増援兵力を集めた。その機動の最終段階では、彼は敵のスパイに誤認させる目的で、自軍を多数の小部隊に分割することさえ行なった。丘陵地帯の雪嵐の中での厳しい行軍の後、彼はベルフォール付近で自軍を再結集させ、休む間もなく、南からアルザスへ侵入した。その際、アルザスの北側からの進路はそのままにしておいた。

ブールノンヴィルは保有する兵力をもって、テュレンヌの軍をミュルーズで阻止しようとした(十二月二十九日)が、駆逐されてしまった。フランス軍は、奔流のような進撃により、ヴォージュ高地とライン川の間の低地帯の敵を掃蕩しながら迅速に前進し、追い散らされたドイツ陸軍を北方のストラスブールへ駆逐し、抵抗する敵を遮断して各個に孤立させた。ドイツ軍を指揮するブランデンブルク選挙侯は、ストラスブールへの途中にあるコルマールに、テュレンヌと同等の兵力に支援された障壁を作りあげた。しかしテュレンヌ軍は物質的にも精神的にも強い威力を持っており、テュルクハイムの戦場に向かう戦術的間接的アプローチによって、その勢いはうまく維持されていた。テュレンヌは、テュルクハイムでは敵の撃滅よりも強まる抵抗を解消させることに努め、それによって敵を自然崩壊に導いた。彼は大成功を収め、二、三日後に、アルザスには一兵も残っていないことを報告することができた。

その後フランス軍は、ライン川のドイツ側の河岸から、またネッカー川にかけての遠方からも補給品を自由に集め、ストラスブールで休養のため冬期宿営に入った。選挙侯は残存兵力を率いてブランデンブルクへ退却した。テュレンヌの以前からのライバル、モンテククリは、春になって神聖ローマ帝国軍を指揮するために召還された。モンテククリも機動によってサスバッハの陣地に入ったが、ここでも彼はテュレンヌによって不利な地位に立たされた。しかし戦闘の初期にテュレンヌは砲弾にあたって戦死し、それに伴って戦勢のバランスが再び変わった。

テュレンヌのこの冬期作戦が、十七世紀のヨーロッパの他の作戦と比べて戦争の決着という点でこのように驚くべき対照を示しているのはなぜであろうか。十七世紀という時代は、将軍たちの視野は狭かったが、少なくとも機動についてはすぐれた能力を持っていた。しかし、彼らは機動の術においては互いに伯仲しており、他の時代であったらおそらく成功を収めたと思われる翼側機動でさえ、巧みに受け流すことができた。この時代における敵の組織に対する真の攪乱が成功したのは、このテュレンヌの作戦の一回だけである。テュレンヌは年をとるにつれて継続して能力の高まる偉大な将帥として有名であり、彼の将帥としての経歴には特別の意義がある。歴史上の他のあらゆる将帥よりも多くの作戦を指揮した後、彼は自らの最後の作戦において、「十七世紀の戦争に決着をつける問題」に対する解答に到達したのである。テュレンヌは「高度に訓練された兵員はあまりに高価で浪費することはできない」というその時代の黄金律から逸脱することなく、この問題を解決したのである。

そのような条件のもとでは、今まで想像したこともないような、徹底的により間接的なアプローチを取り入れた戦略によってのみ、決定的な成果を得ることができることを、彼は経験によって知っていたと思われる。あらゆる機動が、中心点としての要塞（それは野戦軍の維持のために保護された補給基地となっていた）を基盤にしていた時代に、テュレンヌはそのような策源の束縛を脱して、戦いに決定的効果をあげるだけでなく、自軍の安全確保のために奇襲と機動力の一体化に努めた。それは賭けではなく計算であった。彼が敵の間に生起させた「攪乱」は、それが思考上の、あるいは精神上の、また兵站上のいかなるものであれ、それらは終始一貫して、彼に安全確保のための十分な余裕を与えたからである。

第7章

十八世紀

マールバラとフリードリヒ二世

スペイン継承戦争（一七〇一～一三年）は奇妙な二重の性格を持つという点で顕著である。この戦争は政策面では制限目的を持った戦争の極端な事例であるとともに、ルイ十四世治下のフランスの支配的な力に圧力を加え、あるいはこれを打破した決定的な闘争でもあった。戦略面ではこの戦争は、主として一連の不毛な直接的アプローチ、ないしは、意図的な目的をほとんど持たない、間接的動機から成り立っていた。またそれは主としてマールバラという著名な将帥の名前と結びついた、多くのすぐれた間接的アプローチの事例として挙げられている。マールバラの行なった間接的アプローチは、いくつかの戦争の転換点となっている点で、重要な意味を持っている。

当時フランスに対抗する同盟側に加わっていたのは、オーストリア、イギリス、ドイツ領邦国家数か国、オランダ、デンマーク、ポルトガルであった。ルイ十四世を支持していたのは主としてスペイン、バイエルンであり、最初の時期だけはサヴォイア公国が加わっていた。

スペイン継承戦争が始まったのは北部イタリアであった。一方、他の諸国の軍は戦争の準備をしていた。オイゲン公麾下のオーストリア軍はチロルに集結し、直接前進するため盛んに準備中であった。これに対抗するカティナの率いる軍は、オイゲン軍の前進をリヴォリ隘路で阻止するため当地に配置された。しかし、オイゲンは長い間使ったことのない山間の道を通過するのは困難であることを察知し、山岳部のまわりを大きなカーブを描いて東進し、平原へ下《くだ》った。オイゲンはその後の機動で敵をあざむいて自分の意図を誤認させることを繰り返した。それによって自軍の有利な地位を確保しながら敵軍を誘導してキアリでこれに大打撃を与えた。その結果、北部イタリアに強固な態勢を確立した。このオイゲン公の間接的アプローチとその「捨て駒作戦」は、不敗陸軍で名のとどろく大君主国フランスとの闘争の初頭における貴重な士気高揚の活性剤を同盟軍側に与えただけでなく、イタリアにあるフランスとスペインの勢力に対して大きな打撃を与えた。それによって生じた重大な結果のひとつは、元来強い側につく傾向を持つサヴォイア公が、フランスの敵側についたことであった。

主要な戦いは一七〇二年に始まった。最大規模のフランス軍がフランダースに集結した。その地域でフランス軍は、予定された前進路の後方の安全を確保するため、アントワープからマース川沿いのユイまで六十マイルにわたって、ブラバント線を要塞化していた。フランス軍侵攻の脅威にさらされたオランダ軍は、本能的に要塞に頑強に立てこもった。マールバラは別の作戦構想を持っていた。彼はボーフル麾下の（ライン川を目指して前進中の）フランス軍に対するこのような消極的防勢を、直接的攻勢に代えることはしなかった。その代わりに、彼は重要な要塞を敵に暴露したままで、ブラバント線とフランス軍の退却路線に向かって迅速に前進した。ボーフルはこの「心理的投げ縄」の引力に直ちに反応し、急ぎ反転した。肉体的に疲労し、心理的に攪乱されたフランス軍は、それを包囲しようと待ち構えていたマールバラの格好の餌食になったかもしれない。しかし、オランダの代理人たちはフランス軍の侵入が中止されたことを知って満足し、これ以上戦闘を続けて兵力を消耗することに反対した。その年のうちにボーフルはさらに二回にわたってマールバラの仕掛けた罠にかかったが、その都度オランダの代理人らが戦闘を躊躇したため、窮地を脱した。

翌年、マールバラは、アントワープを奪取するため巧妙な機動計画を立て、フランス側の要塞化された防波堤としてのブラバント線に侵入しようとした。彼はマーストリヒトから西方に直進し、ヴィルロワの率いるフランス軍主力をブラバント線の南端に釘付けにしようとした。次いでコホーンの率いるオランダ軍の一部が艦隊の支援の下にオーステンデ港を攻撃し、他方、スパールの率いる別の部隊が西北方からアントワープに向かって前進する。これらの沿海地域からのふたつの機動が、アントワープにあるフランス軍司令官の注意を牽制し、それによってブラバント線の北端を保持している敵の一部の兵力を引き揚げさせる意図をもって行なうものとされた。その四日後に、オプダムの率いる第三のオランダ軍が東北方からフランス軍を攻撃する、他方、マールバラはヴィルロワの率いるフランス軍主力に敢えて退却を許し、北方へ急進してアントワープ方面から集まる兵力をもって集中攻撃を行なうという計画であった。

この作戦の第一段階は有望な見通しのもとに開始された。マールバラの脅威を受けたヴィルロワのフランス軍主力はマース川方面へ引きつけられた。しかしながら、その後、コホーンはスパールに協力して、アントワープ付近で小半径の機動を行なったため、オーステンデの攻撃ができなかった。スパールはコホーンと違った牽制目的を持っていたのでコホーンの協力を得る理由はなかった。そのうえ、マールバラは北方への転進を開始するときに、ヴィルロワを退却させることに成功しなかった。そしてオプダムは、危険を感じて過早《かそう》に行動した。実際にヴィルロワは、ボーフルに騎兵三十個中隊と騎乗擲弾兵三千をつけて先行させ、機動力ではマールバラに勝《まさ》っていた。この機動部隊は二十四時間に四十マイルの速度で移動し、七月一日には、アントワープ守備隊とともにオプダム軍を襲撃した。同軍は大きな打撃を受け、整然とした撤退は不可能であった。マールバラが誇らしげに名づけた「偉大な計画」は、完全に失敗に帰した。

マールバラは、このような失望の事態に続いて、アントワープの真南のブラバント線に対する直接攻撃を提案した。オランダ軍の指揮官たちは、もっともな理由で彼の提案を拒否した。このような攻撃は、攻撃兵力とほぼ等しい兵力によって固められている要塞化された陣地への正面攻撃を意味するから、というものであった。マールバラは機動についてすばらしい能力を発揮するのに加えて、時々、特に失意にあるときに、無謀な賭けに出る性向が見られた。マールバラの個人的魅力とともに彼の功績に幻惑されたイギリスの歴史家たちは、マールバラより多くの賭けをしながら戦っているオランダ人を不公平に扱う傾向があった。オランダ人は、自分たちの国に危険があまりにも切迫していたので、戦争を魅力のあるゲームとして、あるいは偉大な冒険であると考えることはできなかった。彼らはその二世紀後に登場するジェリコー提督と同じように、「決定的敗北という深刻な危険をもたらすような状況下でもし彼らが戦争を追い求めるならば、半日で敗戦に陥ることもありうる」ことを身にしみて感じていた。

マールバラはオランダ軍の将帥たち全員に反対され、アントワープ地区を攻撃する案をあきらめてマース川へ転じ、そこでユイの攻囲にあたった。この攻囲の間の八月下旬にマールバラは再びブラバント線に対する攻撃を主張した。このときは前回よりも根拠が幾分明確であった。ブラバントの南部地区は前回よりも攻撃に適していたからである。しかし、彼の主張はオランダ人を納得させることはできなかった。

マールバラはオランダ人に対して激しい嫌悪感を抱いていたため、神聖ローマ帝国の特使ヴラティスラフがマールバラ軍のドナウ川方面への転進を巧みに主張すると、簡単に受け入れた。これらの事情とマールバラの広い戦略的展望が結びついて、一七〇四年に歴史上最も驚くべき間接的アプローチの実例が生み出されたのである。敵の主力軍のうち、ヴィルロワの率いる軍はフランダースにあった。タラールの率いる軍は、ライン川上流のマンハイムとストラスブールの間にあって、これに小規模の連絡部隊が付属しており、またバイエルンとフランスの連合軍は、バイエルン選挙侯とマルサンに率いられてウルムとドナウ川付近にあった。この連合軍は、バイエルンからウィーンに向かって威勢を示しながら軍を進めていた。マールバラは麾下の軍のうちのイギリス軍をマース川方面からドナウ川方面へ転進させ、比較的弱いバイエルン軍を決定的に撃破しようと計画した。自軍の根拠地からも、また彼が北方で自軍の守っていた直接利害関係のある地点からも遠く離れた地点までの長距離機動は、どのような基準に照らしても大胆なものであったが、彼の時代の慎重な戦略の基準から見ると一層大胆なものであった。そのイギリス軍の安全を約束するものは、奇襲による撹乱の効果だけであった。そしてその奇襲とは、軍の前進方向を一定させず、しかも各段階ごとに予備目標に脅威を与えながら進むことで、奇襲の目的がどこにあるかを敵に疑わせるものであった。

彼が南進してライン川をさかのぼるときには、最初はその進路はモーゼル・ルートを通ってフランスを目指しているかのように見えた。その後、コブレンツを越えているときには、彼はアルザスのフランス軍を目指しているように見えた。そしてフィリップスブルクでライン川に橋梁を架設する様子を敵の目に曝してアルザスのフランス軍を攻撃することを狙っているかのように見せかけた。しかし彼の軍はマンハイムに到達すると、明らかに西南に向かって進むと思われていたが、東南に向きを変え、ネッカー渓谷に接した森林丘陵地帯へと姿を消した。そこからライン川とドナウ川で形成されるデルタ地帯の底辺部を横切って前進しウルムへと向かった。進路を不明瞭にしておく戦略は、約六週間にわたって一日平均十マイルという遅い前進速度を償うものであった。マールバラはグロス・ヘッパハでオイゲンの軍とバーデン辺境伯の軍と会合した後、後者と行動をともにしたが、オイゲンの軍はライン川沿岸のフランス軍を拘束するか、少なくとも遅滞させるために引き返した。ヴィルロワは遅ればせながらもマールバラの後を追ってフランダースからライン川沿岸へ進出していた(1)。

しかし、マールバラはフランスとの位置関係から見ればフランス―バイエルン連合軍の後方に位置していたが、バイエルン軍との位置関係から見ると、依然として同連合軍の前方に位置していた。このような地理的に並列な位置関係にあったことは、他の諸条件と相まってマールバラの戦略的優位の利用を妨げた。それらの諸条件のうちのひとつは、当時広く見られたものであるが、陸軍の戦術組織の硬直性であり、それは戦略的機動の完成を困難にするものであった。将軍といえども、敵を水辺に連れていくことはできるが、その性向に逆らって敵に戦闘を受け入れさせることはできないであろう。諸条件のうちで特に障害となったのは、マールバラが、慎重なバーデン辺境伯と指揮権を共有していることであった。

バイエルン選挙侯とマルサン元帥の連合部隊は、ドナウ川沿岸域のうちで、ウルムの東方にあるディリンゲンからドナウヴェルトの間の、築城した陣地を占領していた。タラール元帥のフランス軍がライン川から東方へ移動するかもしれないので、ウルムはバイエルンへ侵入するには危険な場所であった。マールバラは自軍の新しい交通線の天然の終末点であるドナウヴェルトに渡河点を獲得しようと決心した。彼は交通線をより安全なニュルンベルク経由の東寄りに変更していた。彼はドナウヴェルトの奪取によってバイエルンへ通じる安全な進路を持つことになり、またドナウ川の両岸に沿って安全に機動することが可能になるであろうと考えた。

不幸にしてディリンゲンの敵陣地の正面を横切る翼側運動は、その目的が見えすぎており、その速度も遅かったので、バイエルン選挙侯にドナウヴェルト防衛のための強力な派遣隊を送り込む余裕を与えてしまった。マールバラはこの行軍の最終段階で急速に前進したが、マールバラが到着した七月二日までには、敵はドナウヴェルトを掩護する丘陵にあるシェレンベルクの塹壕を拡張することができた。彼は、敵に防御完成の時間を稼がせることなく、到着した日の夕方に攻撃を開始した。最初の攻撃は、参加兵力の半分以上が死傷するという損害を受けて撃退された。戦勢が挽回され始めたのは連合軍の主力が到着して、敵に対して四対一の兵力の優勢に立ってからであった。戦闘の勝敗が決したのは、敵の塹壕の弱点を発見し、そこを突破する側面運動によってであった。マールバラは自分の書面に、ドナウヴェルトの奪取は「犠牲が若干多すぎた」と記した。彼の戦術についてのここでの批判は、ますます一般論の性格を持つものであった。なぜなら、決定的機動は辺境伯によって指揮されてきたからである。

敵の主力は今やアウグスブルクへ撤退した。そこでマールバラはバイエルンへ向かって南進し、数百の村と農作物を焼き払い、農村地帯を荒廃させた。彼はこれによって、バイエルン選挙侯に和平条件を出させるか、あるいは選挙侯に対し不利な条件下で戦闘を強いるための梃子《てこ》にしようとした。マールバラも個人的には恥じていたこの野蛮な方策の趣旨は、当時のある別の条件のために敵には通用しなかった。というのは当時の戦争は人民の問題ではなく支配者たちの問題であったからである。選挙侯は人民にとっての不都合などには鈍感であった。こうしてタラールはライン川方面から選挙侯の増援に駆けつける時間ができて、八月五日にはアウグスブルクに到着した。

幸いなことにタラールが現地に出現したことは、オイゲンの出現によって相殺されてしまった。オイゲンはマールバラ軍に合流するため、ヴィルロワ軍の正面から脱出するという大胆な行動をとっていた。その直前に、マールバラとオイゲンの軍に掩護されて、辺境伯が、敵の保持しているインゴルシュタットの要塞を攻囲するため、ドナウ川に沿って下流に向かって機動する準備がなされていた。続いて八月九日には、敵の連合部隊がドナウ川に向かって北進中との知らせが入った。彼らの目的は、マールバラの交通線を攻撃することにあると思われた。しかしながら、マールバラとオイゲンは辺境伯軍にインゴルシュタットに向かう牽制的前進を継続させた。それによって、敵の総兵力約六万（さらに増加することが予想されていた）に対して、連合軍の兵力は五万六千に減少することになった。マールバラとオイゲンが、辺境伯の慎重さに嫌悪を感じていたことから見れば、彼らが辺境伯を無視したいと考えたのは理解できるが、彼らが辺境伯の軍を手放す用意があったことは驚くべきことであった。マールバラとオイゲンは最初の好機をとらえて戦闘を求めようと決心していたからである。それは彼らの軍が、敵に対して質的優位に立っていることに、彼らが自信を持っていたことを示していた。――その後の戦闘が接戦だったことを考えるとそれはほとんど自信過剰なことともいえる。

彼らにとって幸いであったのは、敵もまた大きな自信を持っていたことである。バイエルン選挙侯は、自軍の主力が到着していなかったにもかかわらず、もっぱら攻勢をとることに努めていた。タラールが、選挙侯の軍主力が到着するのを待ち、その間に塹壕工事を行なうほうが賢明であると主張すると、選挙侯はその慎重さを嘲笑した。タラールは皮肉をこめて言い返した。「もし私が、殿下の高潔さを信じていないとすれば、私は殿下が自分の軍を使用せずに、どんなことが起こるかを自らの危険を冒さずに確かめるために、フランス王の軍で賭けを行ないたいと考えていると想像せざるをえません」。そこでその妥協案としてフランス軍は、ドナウヴェルトの途上のネーベル川の後方にあるブレンハイム付近の陣地へ躍進することになった。

こうして八月十三日の朝、フランス―バイエルン連合軍は、ドナウ川の北岸に沿って進んできたマールバラとオイゲンの連合軍から奇襲を受けた。マールバラはドナウ川付近のフランス軍右翼に対して直接攻撃を加え、他方、オイゲンはフランス軍の左翼に向かって内陸部へ大きく迂回した。

その進路は、ドナウ川と丘陵地に挟まれた狭い空間を通り、機動のための余地はほとんどなかった。マールバラとオイゲンの軍にとっての利点は、その士気と訓練は別にして、そのような状況のもとで戦闘を求めることの意外性にあった。この部分的な奇襲は、フランスの二個軍が適切な統一配備を行なうのを妨害した。このためこの二個軍は戦闘配備ではなく、野営配備で戦わざるをえなかった。このこと自体がバランスを崩す効果を持っていた。それは中央正面で歩兵部隊の兵員の不足をもたらすことになった。しかしこのようなフランス軍の不利が明らかになったのは、その日遅くなってからであった。もしもほかに失敗することがなかったら、重要な結果を招くことはなかったであろう。

戦闘の第一段階は、マールバラとオイゲンの連合軍にとって不利のまま進行した。マールバラ軍の左翼によるブレンハイムに対する攻撃は失敗して大きな損害を受け、オーベルグラウに対する右翼からの攻撃も失敗した。敵の右翼へまわり込んだオイゲンの攻撃は二回とも阻止された。また中央に位置するマールバラの部隊がネーベル川を渡河中に、その先頭部隊がフランス騎兵部隊の突撃を受け、かろうじてこれを撃退した。この逆襲がある誤解のために、タラールが考えていたよりも少ない騎兵中隊によって行なわれたことは、マールバラ側にとっては幸運であった。しかし、それに続いてマールバラ軍の暴露した翼側に対してマルサン元帥麾下の騎兵部隊の逆襲が行なわれたが、マールバラの求めに応じて直ちに差し出されたオイゲンの騎兵部隊が逆襲し、きわどいところでこれを阻止した。

惨敗は避けられたが、危うい均衡状態以外には何も得られなかった。そしてマールバラは強行前進を続けない限り、背後にあるネーベル川付近の湿地帯というひどい穴にはまりこんだことであろう。しかし、タラールは今や抵抗もせずにマールバラの渡河を許した誤算に対して高価な代償を支払わなければならなかった。それは誤算というよりも、自分の計画を効果的に遂行しなかったためといってもよい。というのは、マールバラ軍中央正面の前衛を撃破する目的で、一度タラールの騎兵隊が反撃したとき、騎兵隊の残りの部隊は、反撃に続く戦闘中止の間に、ネーベル川を渡河して態勢を立て直すことができたはずだからである。マールバラが四十八個の歩兵大隊を持っていたのに対し、タラールは五十個の歩兵大隊を持っていたにもかかわらず、最初の部隊配備の欠陥により、中央正面においてマールバラの二十三個歩兵大隊に対してわずか九個歩兵大隊を配備しているだけであった。タラールは時間があったにもかかわらず、当初の部隊配備の欠陥を修正しなかった。これら数個のフランス歩兵大隊は、敵歩兵部隊の数的優勢と敵砲兵の近距離射撃によってついに圧倒されてしまい、できた隙間をマールバラ軍は突破できた。マールバラはフランス歩兵部隊の混雑した集団の退路をドナウ川付近のブレンハイムで遮断し、またマルサン軍の暴露した翼側を攻撃した。マルサン軍はオイゲン軍との交戦を回避し、深刻な圧迫を受けずに撤退することができた。しかし、タラール軍の大部分はドナウ河岸に圧迫されて降伏を余儀なくされた。

ブレンハイムの勝利は大きな損失と、より重大な冒険を代償として得られたものであった。これを冷静に分析してみると、戦勢を逆転させて勝利をもたらしたのは、マールバラの巧妙さによるというよりも、下士官兵の勇敢さとフランス軍指揮官の誤算であることが明らかである。しかし最終的に勝利が得られたという事実は、この戦闘が賭けであったという事実を見落とさせるに足るものであった。そしてフランス軍の不敗の伝統が粉砕されたことは、ヨーロッパの将来についての展望全体を一変させることになった。

連合軍は退却するフランス軍を追撃してライン川へ前進し、フィリップスブルクでライン川を渡河した。しかし、ブレンハイムの勝利で被った損害により、（マールバラを除いて）その後の作戦遂行に対しては全般に気乗りしない傾向が現われ、作戦は先細りとなっていった。

一七〇五年には、マールバラはフランダースの込み入った要塞網を回避してフランスへ侵攻する計画を立案した。この計画では、オイゲンの軍がイタリア北部でフランス軍と戦っている間に、オランダ軍はフランダースで防勢を維持する一方、マールバラの率いる連合軍主力がモーゼル川流域をさかのぼって、ティオンヴィルまで前進し、辺境伯軍はザール地方を横断して前進し合流することになっていた。

しかしながら、マールバラは成功の条件がすべてなくなっても、自分の計画の実施を強く主張した。そしてその計画は狭義の直接的アプローチとなった。彼は自軍の弱さそのものがフランス軍を戦争に誘い込むであろうとはっきりと期待して、モーゼル川流域をさかのぼって前進した。しかし、ヴィラール元帥はマールバラの軍が糧食不足によってさらに弱体化するのを確かめようと欲し、そしてヴィルロワはフランダースで攻勢をとったため、フランダースのオランダ軍は緊急の援助を求めるようになった。このように二重の圧迫によって、マールバラは冒険することを中止せざるをえなくなった。彼は失望し絶望の苦しみの中でも、辺境伯に罪を着せた。彼はヴィラールに自分の行なった退却について弁解までしたが、その手紙の中で辺境伯に全責任を負わせたのであった。

マールバラの軍が迅速に反転してフランダースに戻ったため、苦しい状況は解消した。マールバラ軍が接近すると、ヴィルロワはリエージュの攻囲を解き、ブラバント線内へ退却した。ここでマールバラは、ブラバント線という障害を突破する計画の綿密な検討に没頭した。彼はマース川付近で、築城の弱い部分に対して陽攻を行なってフランス軍を南方へ引きつけ、折り返し戻ったティーネン付近で、築城は堅固であるが守備兵力の少ない部分を突破した。しかしながら、その機会に乗じてルーヴァンへ前進してディル川を渡河することには失敗した。その失敗の原因は、ひとつには彼が敵をあざむくよりも、自軍の連合軍をより完全にあざむいたことに帰せられるが、それよりもさらに、彼自身が一時的に極度の精神的疲労に陥ったためであると思われる。それにもかかわらず、有名なブラバント線ももはや障害ではなくなった。

その数週間後、マールバラは統帥面での能力の進展をうかがわせるような新しい計画を作成した。それは大きな成功を収めることはなかったが、マールバラの成長を示すものであった。フランダースにおける、以前の彼の機動は、純粋な欺騙《ぎへん》に基づくものであり、それが成功するためには（オランダ軍が足手まといになって達成が困難な）「行動の速度」が要求された。今回は、マールバラは予備目標の選定の容易な路線から間接的アプローチを試み、敵軍に大きな混乱を生じさせ、以前のような迅速な行動の遂行への要求を軽減しようとした。

マールバラは、ルーヴァン付近のヴィルロワの陣地の南へ大きく円を描くように、敵がわが目的に対する判断を迷わせるような線上を前進した。というのはその前進が、前進地域内の要塞、ナミュール、シャルルロワ、モンス、アトのいずれにも脅威を与えるものだったからである。その後、マールバラはジュナッペに到着すると、ワーテルローを経てブリュッセルに向かう道路に沿って旋回し北上した。ヴィルロワはブリュッセル市の救援のため、逆進することを急遽決断した。フランス軍が行動に移ろうとしたちょうどそのとき、すでに夜間に新たに東方へ向かって大きく旋回して帰ってきたマールバラが、向きを反転させたフランス軍の新しい正面に現われた。マールバラの牽制が功を奏し、フランス軍の新たな正面は泥縄の状態だった。しかし、行軍中の翼側ほど脆弱ではない。マールバラはあまりにも早く到達したため、かえって自軍にとって有利な位置を確保できなかったのである。用心深いオランダ軍の将軍たちは、マールバラが直ちに攻撃をかけようとしたのに対して反対する理由を、その点に見出していた。オランダの将軍たちは、敵側の混乱がどのようであれ、イッシェ川の後方の敵の陣地は、ブレンハイムの陣地よりも堅固であると主張したのである。

翌年の作戦で、マールバラは、アルプスを越えてオイゲン軍と合流するという、これまでよりもはるかに広い視野に立った間接的アプローチを遂行する構想を立てていた。こうして彼はイタリアからフランス軍を駆逐し、トゥーロンに対する水陸両用作戦を伴った陸上進攻とスペインでのピーターバラの作戦を結びつけて、フランスへの裏口からの侵入路を手に入れようと考えた。オランダ側はいつもの慎重さとは違って、マールバラにその作戦を行なわせるという冒険に同意した。この計画はヴィラールがバーデン辺境伯を撃破し、ヴィルロワがフランダースに前進したことによって、フランス側に先制されてしまった。この冒険的なフランス側の行動は、ルイ十四世の信念によるものであった。その信念とは、ルイ十四世がそのとき必要とし、望んでいた平和のための有利な条件を獲得する最善のチャンスは、「あらゆるところで」攻勢に出て、敵に対し、フランス側の実力による印象を与えることによって生み出されるということであった。しかし、マールバラが存在する戦域で攻勢をとることは、フランス側にとっては講和への近道ではなく、敗北への近道であることが証明された。マールバラは与えられた好機をとらえるために時間を無駄にすることはなかった。マールバラの判断ではその好機というのは、フランス側が自分たちのほうに勝ち目があるのに、自軍の戦線内に静かにとどまっていることを嫌ったために、マールバラの思うつぼにはまる機会が再び現われたということであった。マールバラはフランス軍が凹形の陣地を占領していたラミイで会敵した。彼は戦術上の間接的アプローチを行なうため、孤状の敵陣地の形態を利用した。まずフランス軍の陣地の左翼を攻撃し、そこへ敵の予備部隊を引きつけた後に、彼は左翼で交戦した自軍を巧妙に戦闘から離脱させ、兵力の転用で有利になっていた自軍の左翼へ転進した。――そこでは友軍のデンマーク軍がすでに突破口を作っていた。フランス軍は背後のデンマーク軍の脅威と、前面からのマールバラの圧迫に耐えられずに崩壊した。マールバラはこの勝利の結果を効果的に利用し、フランダースとブラバントのすべてを手中に収めた。

その同じ年にイタリアでの戦争が事実上終結し、戦略上の間接的アプローチの好例となった。オイゲン軍は最初ははるか東方のガルダ湖まで追い返され、一方、同盟国のサヴォイア公はトリノで攻囲された。オイゲンは前方へ戦いを進めずに、機動によって敵を出し抜いて脱出し、自軍を根拠地から切り離した。そしてロンバルディアを経由してピエモンテへ進み、トリノで自軍より数的に優勢ではあるが、バランスのとれていない敵軍に決定的な敗北を与えた。

戦争の流れは今や潮が引くようにフランスの南北両国境方面へと移っていった。しかしながら一七〇七年には、フランスの敵の連合諸国の内部で、戦争目的に関する意見の不一致のため、フランスに兵力を集める時間的余裕を与えることになり、翌年フランスはその主力を結集してマールバラに対抗した。彼はフランダースに足を縛りつけられて兵力も著しく劣勢であったが、オイゲン軍がライン川から到着してマールバラ軍と合流するという、ドナウ川での作戦をそっくり反対向きに繰りかえすことで不利な戦勢を覆した。しかしフランス軍は今や有能なヴァンドームが指揮しており、オイゲンの到着前に前進してきた。この直接の脅威によってマールバラの軍はルーヴァンへと後退させられた。その後、ヴァンドームは突如として西に転じ、最初の策略に成功した。これによって何の代償も払わずにゲント、ブルージュ、特にスヘルデ川以西のフランダース全域を奪還した。しかしマールバラは、直接ヴァンドームに向かって前進せずに、ヴァンドーム軍とフランス国境の間に割り込むように、西南方へ大胆な突進を行なった。マールバラが、まず戦略的攪乱によって得た有利な態勢は、アウデナーデにおける戦術的攪乱によって、その利点がうまく利用されたのである。

もしもマールバラが望みどおりに直ちにパリへ向かって前進していたならば、戦いは終結していたであろう。マールバラのこの大胆な突進で戦果が拡大しなかったとしても、ルイ十四世はその年の冬、連合国側の目的に十分見合う条件を出して講和を求めざるをえない立場にあった。しかし連合国側は、ルイ十四世の完全な屈服を夢見て、その提案を拒否した。これは大戦略上の愚かな失敗であった。マールバラ自身はその提案の価値について盲目であったわけではないが、しかし、彼は平和を確立するよりも戦争を行なうことにすぐれており、熱心であった。

こうして戦争は一七〇九年に再燃した。マールバラの計画は今や緊要な政治的目標に向かって行なわれる軍事的な間接的アプローチであった。すなわち、彼の構想は、敵の兵力を迂回し、敵の要塞の監視をくらまし、パリを狙うことであった。しかし、この構想はオイゲンにとってさえあまりにも大胆なものであった。そのためその構想は修正されて、ドゥエからベチュヌにかけての国境を守備する築城地帯への直接攻撃を回避する代わりに、この築城地帯の東方にあるルートに沿ってフランスへ進入する準備行動として、トゥルネーとモンスにある翼側掩護のためのふたつの要塞を奪取することを狙う計画となった。

マールバラは再び敵軍をあざむくことに成功した。彼が築城地帯に対して直接脅威を与えたため、敵はトゥルネー要塞の兵力の大部分を築城地帯へ転用して兵力の増強を図った。その際、マールバラは逆進してトゥルネー要塞へ接近した。しかし、そこでは頑強な抵抗が行なわれ、マールバラは二か月間の遅滞という代償を支払った。しかしながら新たにラ・バセ線に対して脅威を与えたことにより、モンス要塞を襲撃し、これを抵抗を受けずに攻略できた。しかしフランス軍は迅速に行動してマールバラの進路を閉鎖し、彼の計画のそれ以上の進展を阻止した。この挫折によって、彼は直接的アプローチに転換せざるをえなくなった。そこでは彼は状況に関連した結果について計量する配慮にあまりにも欠けていた（それはダンバーを前にしたクロムウェルよりも賢明さに欠けていた）。マルプラーケ川の関門を保持する、塹壕で固められて準備の整った敵を攻撃することは勝利に終わったが、それは収支償わない代償を払うことによって得られたものであった。敗れたヴィラール将軍は、ルイ十四世に宛てた書状で次のように、もっともなことを記している。「もしも神がわが軍に対してこのような敗北を与えられるならば、陛下の敵は撃滅されてしまうでしょう」と。戦闘におけるこの勝利が、連合国軍側の戦勝の希望を犠牲にして達成されたことを明らかにした限りにおいて、ヴィラールの判断は予言的な意味を持っていた。

一七一〇年には戦争の膠着状態が続いた。マールバラはフランス側がヴァレンシェンヌから海岸まで築いた防柵――ヌ・プリュ・ウルトラ線の境界内に閉じ込められていた。一方、これによって彼の政敵たちは、本国イギリスにおけるマールバラの地位の切り崩しのための新たな手段を与えられることになった。運命の女神も、自分がせっかく与えた恩恵を無駄にした者たちに背を向けた。というのは、一七一一年、オイゲンの軍は政治情勢によって召還されて去り、残されたマールバラは、非常に優勢な敵と対峙しなければならなくなったからである。マールバラは自軍があまりにも弱体で、どんな決定的作戦も達成できなかったので、フランス側が自軍の防衛線をヌ・プリュ・ウルトラと命名する高慢ぶりをへし折って自分の能力がすぐれていることを相手に知らしめるのが精一杯であった。彼はこれを、これまでに行なったうちでも最も強烈な間接的アプローチによって遂行した。すなわち、連続的な「欺騙《ぎへん》」・「牽制」・「出し抜き」の手段を使ってそれを遂行した。それによって一発の弾丸も発射することなく、ヌ・プリュ・ウルトラ線を通り抜けることができた。しかし、その二か月後に、マールバラは本国に召還されてその地位を剝奪され、一七一二年には戦争に疲れたイギリスは単独で和平を結び、同盟諸国はイギリス抜きで戦うことになった。

今やオイゲンの指揮下に入ったオーストリア、オランダ両軍は、しばらくの間は依然として占領地を確保していたが、彼我両軍とも戦いに疲れてきていた。しかし、一七一二年にヴィラールが、マールバラに匹敵するような、欺騙・秘匿・迅速性を組み合わせた機動を行なった。その結果、ドゥナンで連合国軍に対して損害の少ない、決定的な勝利を獲得した。この勝利は連合組織の完全な解体をもたらし、ルイ十四世は、以前のマルプラーケのときとは全く異なる好条件の講和を結ぶことができた。連合国軍側の一回の直接的アプローチによって生じた無益な損失によって、それまで間接的アプローチだけで積み上げてきた有利な地位をほとんどすべて帳消しにしてしまったのである。フランス側と連合国側の間の係争問題が、逆にフランス側の行なった間接的アプローチによって最終的に解決されたことは、少なからず意義のあることである。

連合諸国側は、ルイ十四世の企図するフランスとスペインの事実上の合体を阻止するという第一の目的を失ってしまったが、イギリスは戦争を終結したとき領土面で利益を得ていた。これはマールバラが自己の戦場を越えた広い視野を持っていたことに負うところが大きかった。彼は軍事的牽制と政治的利益のために、地中海における長期作戦と、フランダースでの自らの作戦との連係を図ってきた。一七〇二年と一七〇三年の遠征では、敵の陣営からポルトガルとサヴォイア公国を寝返りさせ、敵のより大きな資産であるスペインに対する行動のための道を敷いた。一七〇四年の遠征ではジブラルタルを占領した。そのときスペインにあったピーターバラは巧妙に牽制の役割を果たし、一七〇八年の遠征ではミノルカを奪取した。その後のスペインでの作戦では処理を誤って、成果には恵まれなかったが、イギリスは地中海を制するふたつの要点、ジブラルタルとミノルカを占領し、北部大西洋のノヴァ・スコシアとニューファンドランドをも支配下に入れた。

フリードリヒ二世の戦争（七年戦争）

オーストリア継承戦争に明確な決着がつかなかったことを最もよく表現していると思われることは、当時、軍事的に最も成功した国であるフランスでさえも、市民の間で好ましからざる人物に対して「君は平和の女神のような愚か者だ」という文言がこの戦争の余波として使われたという事実である。フリードリヒ二世（フリードリヒ大王）はこの戦争で利益を得た統治者、あるいはこの戦争の不当利得者であった。彼は早々にシレジアを獲得した後、その競争から身を引いた。彼は後に再びその競争に参加したが、さらに得るところはなく、いくたびかの輝ける戦勝を、自分の特色を示す色彩で飾ることはあったが、多くの冒険を冒しただけだった。しかしいずれにしても、オーストリア継承戦争は大国としてのプロイセンの威信を確立したものであった。

一七四二年ブレスラウでの早期講和によって、シレジアのプロイセンへの割譲を決定した一連の事件は注目に値する。一七四二年の初頭には、そのような見通しは消えつつあるように見えた。フランス軍とプロイセン軍が連合してオーストリア主力軍へ向かう前進の準備が整えられていた。しかしフランス軍の前進は間もなく停滞してしまった。そこでフリードリヒ二世はフランス軍に合流するため、西進を続けるのをやめて、ウィーンへ向かって南進を開始した。フリードリヒ二世の前進部隊が首都ウィーンの前面に出現してきたにもかかわらず、彼は迅速に後退した。敵が彼の軍とその策源とを遮断しようとして前進してきたからであった。フリードリヒ二世のこのときの前進は単なる示威行動にすぎなかったと、通常は非難されてきた。しかし、その前進の結果から見れば、その非難はおそらく厳しすぎるであろう。というのは、表面的にはばらばらになって敗走する形をとった彼の迅速な退却が、囮の役目を果たして敵の追撃をシレジアまで誘い込み、シレジアのホトゥジッツ付近で突如反転して戦勢を逆転し、その後激しい追撃によって戦果を拡大させたからである。そのわずか三週間後、オーストリアはフリードリヒ二世と単独講和を結びシレジアを割譲した。

この事件から明確な結論を引き出すことは賢明ではないかもしれないが、犠牲を伴う講和への突然の処置は、この戦域での、ひとつの間接的アプローチに伴うものであったことは、少なくとも意義のあることとである。——たとえその間接的アプローチが、単にウィーンの前面への前進部隊の出現と、小さな戦術的勝利（その勝利は敗北の危機寸前に勝ち取ったものであって、フリードリヒ二世の他の多くの赫々《かっかく》たる戦勝には、はるかに劣るが）から成り立っているにもかかわらずである。

オーストリア継承戦争は、全体として見れば決着のつかない戦争であったが、それに続く十八世紀中期の他の多くの戦争もまた、ヨーロッパの政治の観点から見て、オーストリア継承戦争以上に決着のつかないものであった。ヨーロッパの歴史の成り行きに決定的影響を与えた唯一の国はイギリスであり、イギリスは七年戦争（一七五六〜六三年）への間接的参加国であるだけでなく、この戦争に貢献し、間接的に自国の利益を手に入れた。ヨーロッパ大陸の諸国と、それら諸国の陸軍は直接行動の結果疲弊しつつあったのに対して、イギリスは小規模の派遣隊を派遣しただけであったが、その弱さを利点に変えて、イギリス帝国を築いていった。そのうえさらに、プロイセンが疲弊する寸前に敗戦の屈辱を受けることなく、決着のつかないまま講和を成立させることができたのは、次の理由による。ロシアのプロイセンに対するとどめの一撃を加える意図が同国の女帝の死によって放棄されたこと、および植民地での大損失によってフランスの攻撃力が間接的に挫折したことがそれである。運命の神はフリードリヒ二世に恩恵を施した。彼は長期間にわたって輝かしい戦勝を獲得したが、一七六二年頃にはプロイセンは資源をほとんど使い果たして、それ以上の抵抗は不可能になっていた。

長期間続いた戦争のうちで、軍事的にも政治的にも真に決定的であったといえる唯一の作戦は、イギリスによるケベック占領作戦である。これは最も短期間に終わっただけでなく、支戦場で行なわれたものであった。ケベックの占領とカナダにおけるフランス領の転覆は、海上兵力によって構成される大戦略上の間接的アプローチによって達成されたものであり、この作戦は実際上の軍事的成り行きから見ると、戦略上の間接的アプローチによって決定されたものである。そしてその結果は、明らかに危険なこの作戦が、多くの戦死者を出しただけでなく、軍の士気も大いに低下させたモンモランシー瀑布での直接的アプローチの失敗の後に企図されたことを考慮すると、多くの示唆に富んでいるものである。ただしこれを指揮したウルフに対して公平な見方をとるならば、彼がこの直接的アプローチをせざるをえなかったのは、各種の囮行動——ケベックに対する砲撃、ポイント・レヴィスとモンモランシー瀑布付近で孤立した友軍支隊の暴露など——が、フランス軍をその堅固な陣地から誘い出すことに失敗した後であったことを指摘しておかなければならない。しかし、ケベック上流のフランス軍の背後に対するウルフの最後の無謀な上陸が成功したのと比べれば、これらの囮行動の失敗には、ひとつの教訓が含まれている。つまり、敵を陣地の外へおびき出すだけでは不十分であり、敵を陣地外へ引きずり出すことが必要であるということである。同様に、ウルフが直接的アプローチの準備として行なった各種の囮行動の失敗には、もうひとつの教訓がつけ加えられることになる。つまり、敵を迷わせるだけでは不十分であって、敵を牽制しなければならないということである。この牽制は、敵の思考をあざむくこと、敵が反応する自由を奪うこと、敵の兵力を分散させること、この三つを結びつけて行なうことを意味している。

ウルフの最後の行動は、一見賭博者の最後のサイコロのひと振りのように思われるが、上記の牽制の三条件を満たしており、その結果は勝利であった。たとえそうであっても、軍事史を純粋に武力という観点に立って研究する習慣を持つ人びとにとっては、フランス軍で引き起こされた攪乱の程度がフランス軍の崩壊を確実にもたらすほどのものであったとは認められないであろう。その際、フランス軍の行動とフランス軍が状況の立て直しのためにいかに奮闘したかということについては、これまで多くの説明が行なわれてきた。しかし、敵の物質的攪乱よりも敵軍首脳部の思考上・心理上の攪乱のほうが一層大きく戦いの帰趨を決定するという好例が、ケベックの戦いによって示された。牽制の攪乱の効果は軍事史のほとんどの著書に記載されている地理的・統計的な計算を超えたものである。

もしも歴史が示すように、七年戦争の主戦場であるヨーロッパにおいて、非常に多くの戦術的勝利があったにもかかわらず、戦争の動向にいつ決着がつくかわからなかったとすれば、その原因を追究することは価値のあることである。フリードリヒ二世が対抗していた敵の数は普通の説明によって明らかにできるが、彼が占めていた有利な地位はきわめて強力で、一般に行なわれている説明では、説明しつくすことはできない。したがって、これに関してはもっと深く調べてみる必要がある。

フリードリヒ二世は厳密な意味で戦略家に課されている責任や限界を超越しており、それらから自由であった。これはアレクサンドロスやナポレオンと同じ立場であり、マールバラの立場とは異なっている。彼は自己の一身のうちに戦略と大戦略とのふたつの機能を兼ね備えていた。そのうえ、王としての彼とその軍隊との間の不断の交流により、彼は自分で選んだ目的に沿って手段を準備し、開発することができた。彼の行動した戦場において要塞が比較的少なかったことが、彼のもうひとつの利点であった。

フリードリヒ二世は、イギリスだけを同盟国とし、オーストリア、フランス、ロシア、スウェーデンおよびザクセンと対峙していたが、当初から第二の作戦の中頃までは、兵力数で優勢であった。そのうえ彼は、いずれの敵国よりも戦術的に強い軍と、中央位置を占める（内戦の利）というふたつの大きな利点を持っていた。

これによって彼は一般に「内戦」の戦略と呼ばれる作戦を行なうことができた。すなわち、複数の敵に対する場合、中央に位置する自軍の拠点から見て円周上にあるひとつの敵に対し、中心点から出撃してこれを撃破し、敵の相互支援の態勢が整わないうちに、円内での自軍の短距離行動の利を活用し、反転して他方面の敵に打撃を集中する戦略である。

表面的には、敵との距離が離れているほど、決戦目的の達成が容易であるように見える。時間、空間、兵力面から見れば、これが事実であることに疑いはない。しかしここでもまた精神的要素が介入してくる。敵が広く分散しているときは、個々の敵軍はそれぞれ独立意識を持ち、外部からの圧力に対しては団結を強める傾向がある。これに反して、敵が相互に接近しているときには、敵軍は合体する傾向を持ち、相互に連帯意識を持って、思考や士気や生起する問題について相互に依存し合うようになる。司令官たちの思考は相互に影響し合い、気持ちは兵員に迅速に伝わり、またそれぞれの軍の行動さえも他の軍の行動を容易に妨害し、または混乱させるようになる。それゆえ、敵はその行動のための時間と空間は少なくなるものの、そのぶん攪乱の効果も一層迅速かつ容易に形に表われる。そのうえ、わが軍が相互に接近している場合に、中央の位置にある敵がわが軍Aに対するアプローチをわが軍Bへと転ずるだけで予期しなかった事態をもたらし、そのためわが軍Bに対するアプローチは真の間接的アプローチを構成することになる。これとは対照的に、わが軍が広く分散しているときには、中央位置を利用する敵の第二撃に対して、対処の準備を整え、または回避するためのさらに多くの時間的余裕を得ることになる。

マールバラがドナウ川に向かうときに用いた「内線」の利用は、間接的アプローチのひとつの型を示している。しかし、それは全体としての敵の兵力との関係から見れば、間接的アプローチであるけれども、実際の目標としている軍との関係では（意識して行なったのではないにしても）間接的アプローチではなかった。そうでなければ、この場合のマールバラの行動は、実際の目標そのものに対するさらに別の間接的アプローチによって完成されなければならなかったはずである。

フリードリヒ二世は終始一貫して、敵の一部に対して攻撃を集中するために、自分の中央位置を利用し、常に間接的アプローチの戦術を用いた。それによって彼は多くの勝利を得たのである。しかし、彼の戦術上の間接的アプローチは、スキピオが好んで用いた巧妙な奇襲による心理的間接的アプローチよりもむしろ幾何学的な間接的アプローチであり、彼の機動はすべて巧妙に遂行されたが、小規模な機動であった。彼の敵は、その思考と軍の編成の柔軟性を欠くことによって、彼の機動に続く打撃には対処しきれなかったが、彼の打撃そのものは敵の不意を衝くことはできなかった。

七年戦争は一七五六年八月末に、フリードリヒ二世によるザクセンへの侵攻をもって開始された。この侵攻はオーストリア側同盟諸国側の計画に対する先制として行なわれたものである。フリードリヒ二世は最初の奇襲の利によって、ほとんど抵抗を受けることなくドレスデンに侵入した。オーストリア軍が救援のため遅ればせながら到着したときには、フリードリヒ二世はオーストリア軍を迎え撃つためにエルベ川の上流を目指して前進し、ライトメリッツ付近のロボジッツの戦闘でこれを撃退し、ザクセンを占領し確保した。一五五七年四月、フリードリヒ二世は山地を越えてボヘミアに入り、プラハに向かって前進した。プラハに到着した彼は、オーストリア軍が川向こうの高地の堅固な陣地に布陣していることを知った。彼は自軍の行動を掩蔽し、また徒渉場《としょう》を監視するための一支隊を残して、その日の夜中に川の上流へ機動によって渡河し、敵の右翼側に向かって前進した。彼のアプローチは間接的手法で始まったが、その機動が完了する前に直接的アプローチに変わった。その理由はオーストリア軍が戦線を変換する時間があったため、プロイセン軍の歩兵部隊は、正面攻撃のため斜面を登っているところを掃射されたからである。そこで数千名のプロイセン兵が戦死した。大きく迂回するように派遣されていたツィーテンの騎兵部隊だけが、予期しない時期に到着してプラハの戦況を覆し、オーストリア軍は撤退した。

それに続くプラハの攻囲は、ダウンの率いる新たなオーストリア軍がプラハ市救援のために前進してきたため妨害を受けた。フリードリヒ二世はダウン軍接近の報を受けると、攻囲中の軍からできる限り多くの兵力を引き抜いてダウン軍を迎え撃つために前進した。六月十八日、彼はコリーンでオーストリア軍に遭遇したとき、敵が堅固な陣地に布陣していること、その兵力が自軍の約二倍であることを知った。そこでフリードリヒ二世は再びオーストリア軍の右翼側を迂回する機動を企図したが、その機動はあまりにも小規模であったため、彼の軍の縦隊は敵の軽装備の部隊の射撃に悩まされて、当初の企図を離れて直接的で支離滅裂な攻撃に誘い込まれ、ひどい敗北を喫した。このためフリードリヒ二世はプラハの攻囲を断念せざるをえなくなり、ボヘミアへ撤退した。

その間にロシア軍が東プロイセンに侵攻しており、フランス軍はハノーバーを一斉に侵略していた。ヒルトブルクハウゼンの指揮する連合国側の混成軍が西方からベルリンに向かって前進し、脅威を与えていた。フリードリヒ二世は、このフランス軍と連合国混成軍との合流を阻止するため、ライプチヒを経て強行軍で戻り、脅威の阻止に成功した。しかし、彼はシレジアに新たな危機が生じたためシレジアに向きを変えて進んだ。その途中、オーストリアの奇襲部隊がベルリンへ入り略奪を行なった。ヒルトブルクハウゼンの軍が再び前進を開始する前に、この奇襲部隊を撃破することはほとんど不可能であった。フリードリヒ二世はヒルトブルクハウゼンを迎え撃つために急行した。

引き続いて起こったロスバッハの戦闘では、フリードリヒ二世の軍の二倍の兵力を持つ連合軍は、フリードリヒ二世特有の機動方式を真似てプロイセン軍に対抗した。その機動が小規模であったため、フリードリヒ二世は敵の企図を明白に知ることができただけでなく、フリードリヒ二世が退却中であると軽率な判断をした連合軍は、プロイセン軍を捕捉しようとして自軍を迷走させてしまった。そのため、フリードリヒ二世が連合軍と直面することを避けながら逆を衝いて進軍し、敵の翼側に深く突っ込んだときには、連合軍側はほとんど瞬時に攪乱されてしまっていた。こうして敵のへまな行動により、フリードリヒ二世は単なる機動によるものとは違った奇襲による真の間接的アプローチを達成した。ロスバッハの勝利はフリードリヒ二世が獲得したすべての勝利のうちで最も経済的に行なわれたものであった。彼は自軍の死傷者五百名を出しただけで、敵に対して七千七百名の死傷者を出させて、総兵力六万四千の敵を駆逐してしまったからである。

不幸なことに、フリードリヒ二世はそれ以前の戦闘であまりにも兵力を使いすぎ、消耗しすぎていたので、ロスバッハでの戦果を十分活用することができなかった。依然として彼は、プラハとコリーンで撃破できなかったオーストリア軍にも対処しなければならなかった。そして斜行前進で有名なロイテンでの彼の勝利——企図が明らかにされすぎたきらいはあるが、輝かしい間接的アプローチ——のために支払った犠牲は、フリードリヒ二世にとって大きな重荷となった。

こうして七年戦争は、見通しのつかないまま、一七五八年に入っても継続された。フリードリヒ二世はオーストリア軍に対して真の間接的アプローチを開始し、オーストリア軍の正面を真横に横断し、その翼側を迂回して敵領土内二十マイルのオルミュッツに到達した。彼は重要な一補給隊を失ったときでさえ後退せず、ボヘミアを経てオーストリア軍の背後を迂回してケーニヒグレッツにある敵が築城した基地の前まで前進した。しかし、彼はプラハとコリーンで味わった、好機をとりのがした無念を再び味わわなければならなかった。スチームローラーのようなロシア軍がまたスチームを吸いこんで、ベルリンを目指して前進し、その途中のポーゼンにまで進出したからである。フリードリヒ二世はボヘミア作戦をまず放棄し、北進してロシア軍を阻止すべきであると決心した。彼はこの企図には成功したが、ツォルンドルフの戦闘はプラハの二の舞となった。フリードリヒ二世はここでもまたロシア軍の堅固な陣地による障害を欺騙によって無効にするため、ロシア軍の東翼側を迂回し、背後から攻撃しようとしたからである。しかし防御するロシア軍もまた正面の変換に成功し、フリードリヒ二世の間接的アプローチを正面攻撃（直接的アプローチ）に変えてしまった。これは一時フリードリヒ二世を苦境に立たせたが、その後彼のすぐれた騎兵指揮官ザイドリッツが、通過不可能と見られていた地域を通過する大迂回により敵の新たな翼側を攻撃し、それによって自軍の機動の時期を予想不能にし、結果的に真の間接的アプローチを達成したのである。しかしプロイセン軍の損害は、ロシア軍よりも幾分少なかったとはいえ、彼が保有する軍事資源量から見れば、ロシア軍より重大であった。

フリードリヒ二世は自分の保有する人的資源をますます失っていったため、ロシア軍に戦力回復の余裕を与え、反転してオーストリア軍に対抗しなければならなかった。その結果ホッホキルヒで苦戦を強いられた。宿敵のオーストリア軍のダウンが主導権を握ることはないものと誤信したため、さらに損害を大きくしただけでなく、この戦いに敗北してしまった。こうしてフリードリヒ二世は二重の驚きを味わわされたのである。夜がくるまでに包囲されていた彼は、自分のために退路を開けておいてくれたツィーテンの騎兵隊のおかげで、かろうじて自軍の崩壊を免れた。こうして七年戦争は一七五九年に入っても続き、フリードリヒ二世の力は減退していった。クネルスドルフの戦闘では、ロシア軍によって自己の生涯で最悪の敗戦を被り、マクセンの戦闘では再び誤った自信のためダウンに敗れた。その後の彼は敵を消極的に阻止することしかできなくなった。

プロイセンの運命が黄昏のうちに沈みつつある中で、カナダでは太陽がさんさんと輝いていた。そこでのウルフの成功がイギリスを勇気づけ、部隊を直接ドイツに派遣することになり、これらの部隊はミンデンでフランス軍を破り、フリードリヒ二世の敗戦を償うことになった。

しかしながら、一七六〇年にはフリードリヒ二世の力の弱体化は以前より一層顕著になった。彼は「オーストリア軍は本日完全に敗れたので今や次はロシア軍の番である。われわれは協定のとおり行動する」とのべた連絡文をわざとロシア軍に捕獲させるという計略を用いて、自国の東部へのロシアの圧迫をゆるめさせて、戦いを一時休止させることができた。ロシア軍はこの穏やかな暗示にすぐ反応して退却し、その後引き続きフリードリヒ二世はトルガウでオーストリア軍を撃破（これは彼の死後有名になった勝利）したが、これも多くの犠牲を払って手に入れた勝利であった。フリードリヒ二世の軍は被った損害によって麻痺状態に陥り、残りの兵力はわずか六万となった。彼はそれ以上の戦闘の冒険を行なうことはできず、プロイセンとの連絡を絶たれ、シレジアに閉じこもるほかなかった。幸運なことに、オーストリア軍の戦略はそれまでと同じく無気力なもので、一方ロシア軍の後方部隊は、それと同じような特徴を引き継いで崩壊状態になっていた。このような危機が続く中で、ロシアの女帝が死去した。女帝の後継者はフリードリヒ二世と講和を結んだだけでなく、彼を支援することさえ考え始めていた。その後二〜三か月の間、フランスとオーストリアは散漫な戦いを続けたが、フランスの戦力は植民地での大損失によって危殆《きたい》に瀕しており、一方、オーストリアも今や活動が不活発なうえに疲れ果てていたので、プロイセン・イギリス側諸国とオーストリア・フランス側諸国間で、間もなく講和条約が結ばれた。その結果、イギリスを除いて、七年戦争に参加した諸国はすべて疲弊し、戦争による大きな出血にその後も苦しんだ。

フリードリヒ二世の作戦には多くの教訓が含まれているが、その主要な教訓は、彼の行なった間接的アプローチが、あまりにも直接的な性格を持つものに近づきすぎていたということである。言い換えれば、彼は間接的アプローチを、機動力を伴った純粋な機動であると考えており、それが「機動力」と「奇襲」が機動に結びついたものとは考えなかった。こうしてフリードリヒ二世の戦績はすべて輝かしいものであったにもかかわらず、兵力の経済的使用については失敗に終わったのである。

（1）マールバラは、ライン川流域を放棄するまでの間に、集めておいた船に兵員を乗せてライン川を迅速に下り、フランダースに帰航させるのを常としていた。これが、フランス軍の司令官たちを一層迷わせるもとになった。

第8章
フランス革命とナポレオン・ボナパルト

七年戦争から三十年を経て開幕した「大戦争」は、ナポレオン・ボナパルトの天才によって輝きを与えられた。当時のフランスは一世紀前と同じくヨーロッパにおける脅威となっており、ヨーロッパ諸国はフランスの脅威に対し、団結して対抗していた。しかし、今回の戦いの成り行きは一世紀前のそれとは異なっていた。革命期フランスには多くの同情者がいたが、彼らは各国の政府の構成員ではなく、また各国の軍を支配する人びとでもなかった。しかしながら、革命期フランスは独力で開戦し、疫病に冒された者のように強制的に隔離されながらも、フランスの息の根を止めようとする、ヨーロッパ諸国が協力して行なう努力を撃退しただけでなく、ヨーロッパにおける膨張的な軍事的脅威へと性格を変え、ついにはヨーロッパの大部分を軍事的に支配する国家となった。フランスがそのような強国となった原因は、そのための好適な諸条件が衝動的要因と結びついた点に求めることができる。

フランスの市民軍を鼓舞した革命的精神は、そのような条件と衝動を同時に生み出した。革命的精神は、精巧な軍事訓練を不可能にした代わりに、個々人の戦術的なセンスと主動性を大いに高めることになった。この新しい流動性を持った戦術は、単純ではあるが最も重要な事実を中心とするものであった。というのは、フランスに対抗する敵軍の前進と戦闘における歩度は、昔のままの一分間七十歩であったのに対して、フランス軍のそれは一分間百二十歩となっていたからである。機械技術が軍隊に対して、人間の徒歩よりも速い運動手段を提供する以前におけるこの基本的な差異は、打撃力の迅速な移動と集中転換を可能にし、それによってフランスは特にナポレオンの時代に、戦略的にも戦術的にも「速度による質量の倍加」を行なうことができたのである。

もうひとつの好適な条件は、陸軍を分割して永続的な師団に編成し直したことである。これは陸軍を「あらゆる必要なものを備えた部分」へと分割編成し、それらの部分を分離して運用することにより、共通の目的に対する協働が可能になった。この組織改編上の有機的変化は、ブールセによって理論的に創唱され、一七四〇年にはある程度実用化されていたが、ド・ブロイ元帥が一七五九年にフランス軍総司令官になったとき公式に採用されたのである。それはもうひとりの新しい考えを持ったギベールによってさらに精緻化され、フランス革命前夜の一七八七年の陸軍改革時に、彼自身によって陸軍に導入された。

これに関連する第三の条件は、革命期陸軍の混乱した補給組織と訓練不足という特性によって、革命期陸軍は「現地自活」という従来の慣行に復帰せざるをえなかったことである。陸軍を師団へ細分化すれば、現地自活が軍隊の効率性を低下させる程度は以前に比べて少なかった。以前には作戦の実施に先立って陸軍を構成する各部分の組織を集結しなければならなかったのに対し、今や陸軍を構成する各部分は自活しながら軍事目的を遂行しうるようになったからである。

そのうえさらに、軍が「軽易に運動できる」ようになった結果、機動力が増大し、山地や森林地帯でも自由に運動できるようになった。また、食糧や衣料に乏しい軍隊を駆り立てて、敵の後方（それは食糧と装備を直接貯蔵庫や輜重《しちょう》隊から入手していた）を襲撃させることになった。

これらの諸条件のほかに、さらに決定的な人的要因、すなわちナポレオン・ボナパルトという人物の存在がある。彼の軍事的才能は、軍事史の研究と、それ以上に十八世紀のふたりのすぐれた軍事研究家ブールセとギベールの理論に見られる考え方を糧にして、刺戟を受けたものであった。

彼は戦闘に先立って、まず自軍を分散して敵軍の分散を誘ってから自軍を迅速に再結集して戦闘を開始するという、計画的分散の原則をブールセから学んだ。また、数個の分枝を持つ計画の価値を学び、予備目標に脅威を与える路線に沿った作戦についても学んだ。さらにナポレオンが自分の最初の作戦で遂行した計画そのものは、ブールセが半世紀も前に計画したものを基礎にしていた。

ナポレオンはギベールから、軍の機動力と流動性の持つ重要な価値と、陸軍を師団に分割することによって得られる潜在力について学んだ。ギベールはナポレオンが登場する一世代も前に、このナポレオンの方式について次のようにのべている。「この術はわが兵力を敵に暴露させることなく展開する術であり、分断されることなく敵を包囲する術である。それはわが翼側を暴露することなく、敵の翼側を捕捉できるように、わが行動または攻撃を相互に連係させる術である」と。そして敵軍の均衡を崩す手段として敵の後方を攻撃するというギベールの残した方式は、ナポレオンの常套手段となったのである。敵戦線の要点を粉砕するために機動砲兵の集中砲火を用いて、その要点に突破口を作りあげるというナポレオンの方式もまた、その根源をギベールに求めることができる。さらにフランス革命の直前にギベールがフランス陸軍に対して行なった実際の改革こそは、その後ナポレオンが運用した軍隊を特性づけるものであった。特に、戦争面における革命が革命国家から立ち上がる人物によって行なわれるであろうとギベールが見通していたことが、若いナポレオンの想像力と野心とを燃えあがらせたのであった。

ナポレオンは、自分が学びとった諸々の思想に対して何もつけ加えることはなかったが、それらの思想を実行に移したのである。彼のダイナミックな適用が行なわれなかったとすれば、新しい機動力についての考え方も単なる理論にとどまったと思われる。彼の教養が彼の直観と一致していたこと、さらに彼の教養と直観の適用範囲が非常に大きかったことにより、ナポレオンは新しい師団編成が持つあらゆる可能性を利用することができたのである。彼はこうして戦略的な組み合わせを広い範囲にわたって開発することができたが、これが彼の戦略に対する主要な貢献であった。

一七九二年にフランスに対して連合諸国が行なった局地的侵略は、それがヴァルミーとジュナッペで挫折したことでフランスは歓喜していたため、その後フランスが歓喜するどころではないようなきわめて危険な状態に陥っていたことは、その歓喜にかき消されて、これまでよく認識されてこなかった。イギリス、オランダ、オーストリア、プロイセン、スペイン、サルディニアなどによる第一次対仏大同盟が結成されたのは、ルイ十六世の処刑（一七九三年一月二十一日）の後であり、この第一次対仏大同盟が結成されたことがわかって初めて、革命フランスの国民的決意が固められ、人的・物的資源が抗戦のために大規模に投入されるようになったのである。大同盟側侵略軍の戦争遂行は、目的とその技法において方向性を欠いていたものの、フランスの危機的状態は一層深まる一方であった。しかしその危機的状態も、ついに一七九四年にフランスに恵まれた命運によって劇的に転換し、大同盟側の怒濤の侵略は押し戻された。それ以後フランスは、もっぱら抵抗する立場から逆に侵略者の立場に立つようになった。この大同盟側の退潮をもたらした原因は何であろうか。戦略的に巧妙な打撃が行なわれなかったことも確かにその一因であったが、しかし、その目的は不明確で限定されたものであったにせよ、戦争の帰趨が、明確に間接的な性格を持った戦略的アプローチによって突如決せられたという点に、この出来事の持つ大きな意義がある。

双方の主力軍はフランスのリール付近で交戦し、大きな流血を見たが、戦いの決着はつかなかった。一方、遠く離れたモーゼル川方面にあったフランス側のジュールダン軍は、リエージュとナミュール（ベルギー南部）を目指して作戦するため、アルデンヌ高原を経て西方へ前進するため、軍の左翼方面へ攻撃力を集結するよう命じられていた。ジュールダンの軍は、通過する地域で手あたり次第に徴発した食糧だけに頼って、飢餓に苦しみながら行軍した後、ナミュールに達した。そこでジュールダンは、連絡文書と、遠くで鳴る砲声によって、シャルルロワ正面における主力軍の右翼が行なっている戦闘が不成功に終わったことを知った。そこで彼は、ナミュールに対する攻囲の企画を中止し、シャルルロワを目指して西南進し、敵の翼背に迫った。彼の軍の出現によってシャルルロワ要塞に脅威を与え、ついにこれを降伏させた。

ジュールダンは視野の広い目的を持っていなかったが、敵の背後に向かう、前述の行動の持つ固有の心理的な牽引力によって、彼はナポレオンその他の偉大な将師たちが計算の結果として求めるものを手に入れたのである。敵側の総司令官コーブルクは急遽東方へ去り、その途中、集められるだけの兵力を集めた。コーブルクは、シャルルロワを守るために築城していたジュールダンに対する攻撃に、集めた兵力を投入した。「フルーリュスの戦闘」として有名なその戦闘は激しかったが、フランス軍は敵を戦略的に攪乱し、かつ、フランス軍を攻撃する敵の兵力をある一部に限定させるなど、きわめて優勢であった。フランス軍はこの敵の一部の兵力をも撃破し、これに続いて大同盟の総退却が始まった。

フランス軍は逆に侵略する立場に立つことになった。フランス軍は優勢な兵力を持っていたが、ライン川を越えて行なった主要な作戦では決定的な戦果をあげることはできなかった。事実この作戦は結局無駄に終わっただけでなく、敵側の間接的アプローチによって挫折したのである。一七九六年七月、カール大公（オーストリア）は、優勢なジュールダン、モロー両軍の前進再開に直面して次のような決心をした。彼自身の言葉によると、「自ら戦闘に突入することを避けて両軍（自軍とヴァルテンスレーベンの軍）を逐次後退させ、敵軍のいずれか一方と少なくとも同等または優勢な状況で戦闘に突入できるように、わが両軍を統合できる最初の好機をつかむ」というものであった。しかし、フランス軍の圧迫によって、カール大公はこの「内線」の戦略を実行に移す機会を得ることができなかった。その戦略は、好機をとらえるために地域を敵に譲るという考え方を除けば、その目的は直接的なものであった。しかし、フランス軍がその前進方向を変えたことが、カール大公に一層大胆なやり方を思いつかせることになった。彼がその考えを思いついたのは、騎兵旅団長ナウエンドルフのとった独自の発想によってであった。ナウエンドルフは、広範囲にわたる偵察の結果、フランス軍がカール大公の正面を去ってヴァルテンスレーベンの軍に向かって集中し、これを撃破しようとしていることを知った。そこで彼はカール大公に興奮した伝令文を送り、「もし大公殿下がジュールダンの後方に向かって一万二千の兵力を前進させられるならば、ジュールダンは敗れるでありましょう」とのべた。カール大公の対処は部下のナウエンドルフほど大胆なものではなかったが、フランス軍の攻勢を挫折させるには十分であった。大打撃を受けたジュールダン軍がライン川を越えて混乱のうちに敗走したため、モロー軍も成功裡に展開していたバイエルン作戦を中止し、撤退せざるをえなかった。

フランス主力軍の戦闘がまずライン川で失敗し、さらに再び失敗を重ねている間に、補助的な第二戦線のイタリア方面で戦争の決着がついた。イタリアでは、ボナパルトが危険な防勢作戦を決定的な間接的アプローチへと転換し、勝利へと進展させた。ナポレオン・ボナパルトは、二年前にこの戦域で参謀将校を務め、その頃からこの計画を考えていた。その後この計画はパリで実施が決定されていた。その計画は一七四五年の作戦計画を複製したもので、その作戦から得た教訓によって修正されていた。ボナパルトの計画の基礎となっている基本的な考え方は、彼が最も多感な時期に自らの軍事研究を方向づけた彼の軍事的巨匠たちが確立したものと同じであった。彼の軍事研究の時期は短かった。ボナパルトがトゥーロンの攻囲を指揮したのは二十四歳のときであり、イタリア遠征の司令官となったときも二十六歳の若さであった。彼は数年間読書と思考に没頭したことはあったが、その後は熟考のための時間はほとんどなかったからである。彼は思慮深いというよりもダイナミックな行動家であり、明確な戦争哲学を提示することはしなかった。ナポレオンの著述を見る限りでは、彼の行動のもとになる理論はどちらかといえば断片的なもので、彼の残した言葉に固執する後代の軍人たちに誤解を与える恐れもあった。

このような傾向は、（彼の初期の経験の当然の結果と同様に）最も意味が深く、しばしば引用されているナポレオンの次の言葉にも示されている。「戦争の原理は攻囲の原理と同じである。砲撃は一点に集中されなければならない。そしてひとたび突破口が作られるや否や、均衡は破れ、あとは何も問題はない」。それに続く軍事理論は、その言葉の最後のほうにではなく、初めのほうに重点が置かれてきた。特に、「均衡」という言葉にではなく「一点」という言葉に重点が置かれている。「一点」が物理的なたとえを示しているのに対して、「均衡」は「あとは何も問題はない」ということを保証する、実際の心理的結果を表現している。ナポレオン自身の考え方の重点は、彼が実施した作戦における戦略がたどった道筋のうちに跡付けることができる。

この「一点」という言葉は、いつも多くの混乱と論争の原因となっている。軍事学のある一派は、ナポレオンが言っていることは「集中攻撃は、ただそれだけが決定的な結果を確実にするという理由で、敵の最も強い点を狙うこと」を意味しているのだとした。というのは、敵の主力による抵抗が破れると、その裂け目は他のすべての、より小さな抵抗をも呑み込んでしまうからだというのである。このような主張は代価の要因を無視するとともに、次のような事実をも無視している。つまり、それは勝者側もあまりにも精力を使い果たしてしまって戦果を拡大することができないことがあり、弱いはずの敗者も実力以力の抵抗力を持つようになることもありうるという事実である。兵力の経済的使用という考え方は持っているが、それも最初の代価という狭い意味でのみ考えている別の一派は、これまで敵の最も弱い点を狙うべきであると主張してきた。しかし、ある点が明らかに弱いということは、通常の場合その点があらゆる緊要な動脈または軍の神経中枢から離れているからであり、あるいは敵を罠に誘い込むために、わざとその点を弱いままにしてあるからである。

この点についてもまた、その解明は、ナポレオンが、この格言を実行した実際の作戦に求められる。彼の作戦は次のことを明瞭に示唆している。すなわち彼が言おうとしたことは「点」ではなく「結節部」であるということである。ナポレオンは、その経験から見て、兵力の経済的使用に深く意を用いたため、自分の少ない兵力を敵の強い点の破壊に使うことはできなかった。そして「結節部」は重要な箇所であると同時に脆弱な箇所でもある。

そしてこのときも、ボナパルトは敵の主力に対してひどく無鉄砲な努力を集中したことを正当化するために引用し、次の言葉を使った。「オーストリアは最も確固とした敵である。……オーストリアが打倒されれば、スペインとイタリアは自ら倒れる。われわれは攻撃を分散してはならず、攻撃を集中しなければならない」。しかし、この文言が含まれているナポレオンのメモを見ると、彼がオーストリアに対する直接攻撃を支持せず、オーストリアに対する間接的アプローチのためにピエモンテ国境沿いでの軍の運用を主張していたことがわかる。ナポレオンの考えでは、北部イタリアはオーストリアへの回廊なのであった。そしてこの補助的戦場では、彼の目的は（ブールセの指導によって）主役を演ずる敵に対抗する前に、脇役のピエモンテ軍（サルディニア）を打倒することにあった。それを実行するにしたがって、ナポレオンのアプローチはさらに間接的アプローチの性格を強め、一層巧妙になっていった。現実に触れれば夢は壊されるものだから、最初の成功を収めた後、彼は抱いていた夢ついて、政府に宛てて次のように書き送っている。「一か月以内に私はチロルの山地に到着し、そこでライン川方面の軍と会合し、その軍とともにバイエルンへ侵入して戦うつもりである」と。だが、彼にとって真の好機が展開されるようになったのは、彼のこの計画が挫折した後のことであった。ナポレオンがイタリア内部へオーストリア軍を引き入れて、自軍に一連の攻勢を行なわせた後に、そこでオーストリア軍を撃破して、オーストリアへの進路を打開できたのは、十二か月も後のことであった。

ナポレオン・ボナパルトが一七九六年三月にイタリア方面の軍の指揮権を握ったとき、その兵力はジェノバのリヴィエラ海岸沿いに分散しており、大同盟側のオーストリアとピエモンテの軍はジェノバの向こう側の平野へ通じる山道を確保していた。ナポレオンの計画は、まずその山地を越えるふたつの進路をチェヴァ要塞のある地点で打開し、ピエモンテへ侵入するための関門を確保した後、トリノへ前進して脅威を与え、ピエモンテ政府に単独講和を強制することにあった。彼はオーストリア軍がそのまま冬営にとどまることを期待していたが、もしオーストリア軍が友軍の大同盟諸国軍と合流する行動に出た場合には、敵を東北方へ分散・撤退させるように、アックイ方面への陽動を企図していた。

しかし現実には、オーストリア軍とピエモンテ軍を分離させるという、最初の有利な立場をナポレオンに与えたのは、彼の計画によるというよりも彼の幸運によるものであった。ボナパルトにとっての好機を作り出したのは、オーストリア側の攻勢的行動であった。オーストリア軍はボナパルト軍の右翼に脅威を与え、ジェノバへ向かうフランス軍の前進をすべて先制するため、前方へ進んだ。ボナパルトはこの脅威に対抗するため、オーストリア軍の前進の結節部に向かって軽い打撃を与えた。しかし、オーストリア軍を撃退して、アックイに向かって撤退させるには、その結節点付近の一点に対して、さらに二回の軽い攻撃を加える必要があった。

その間、フランス軍の主力はチェヴァに向かって前進していた。四月十六日、直接攻撃によってチェヴァの陣地を奪取しようとしたナポレオンの企図は失敗に終わった。そこで彼は、十八日に包囲のための機動を計画し、またオーストリア軍の攻撃を避けて、自軍の交通線を離れた地域へ移した。しかし、ピエモンテ軍は、ボナパルトの新たな攻撃が行なわれる前に、チェヴァ要塞から撤退した。ボナパルトはそのピエモンテ軍を追跡するとき、敵がボナパルトの軍を阻止するために選んだ陣地に対し直接攻撃を試み、またも大きな損害を出して撃退された。しかし彼は、それに続いて敵の両翼を撃破し、敵を平野部へ押し返した。

ピエモンテ政府の立場から見ると今や迫りくるフランス軍がトリノに脅威を与える兵力は、やむなく迂回路を通って行進してくると予想される、遅すぎるオーストリア軍の救援兵力よりもずっと多いことが漠然とわかった。いわゆる「均衡が破れた」のであり、その心理的効果により、ピエモンテ側に休戦の訴えをさせるために、敵を撃破することは全く必要でなくなった。これによってピエモンテは戦争の圏外に置かれることになった。

時間的要因が最も重要であることをボナパルトにはっきりと銘記させるうえで、彼自身の最初の作戦以上に適当なものはなかった。もしもピエモンテ側が、あと二、三日持ちこたえていたならば、ボナパルトは補給の欠乏によって、リヴィエラへ撤退しなければならなかったであろうと考えると、なおさらのことであった。彼が報告で認めていることの真偽は別にして、彼の受けた感銘は当時のボナパルトの次のような所見にのべられている。「将来私は戦闘で敗れることがあるかもしれないが、時間は決して失わないつもりだ」と。

今や彼は単独のオーストリア軍よりも優勢（三万五千対二万五千）であったが、依然として慎重で、オーストリア軍へ向かって直接前進はしなかった。ピエモンテとの休戦が成立した翌日、ボナパルトはミラノを目標に進んだ。しかし、ミラノへ向かう（というよりはミラノの背後へ向かう）彼の間接的進路は、トルトーナからピアチェンツァを通る経路であった。予想されるボナパルトの東北方への進軍に対抗するため、ヴァレンツァにオーストリア軍を集結させるように敵をあざむいておいて、彼はポー川の南岸に沿って東進した。ピアチェンツァに到着したときには、予想されるオーストリア軍側のすべての抵抗線を迂回し終えていた。

この有利な地位を獲得するために、ボナパルトはパルマ公爵領の中立の立場を侵犯することも考えていた。パルマ公爵領にはピアチェンツァがあり、彼の計算では、自軍には適当な架橋縦列がないため、ピアチェンツァで船と渡船場を確保するつもりであった。しかし、この中立の地位を無視することによって、皮肉にも報復がはね返ってきた。ボナパルトがオーストリア軍の翼背に向かって北へ大きく迂回したとき、オーストリア軍は早速ヴェネツィア領の細長く入り込んだ地帯を通って退却する決心をしたからである。オーストリア軍はこうして、戦争の原則を無視するボナパルトの先例にならって自軍を救ったのである。彼がオーストリア軍の退路を遮断するため、河川障害物としてアッダ川を利用する前に、オーストリア軍はボナパルトの追及を振り切ってマントヴァ要塞の掩護を利用し、有名なクアドリラテラル（四つの要塞で囲んだ方形の地区）へ逃げ込んでしまった。

このような非常に困難な現実に突きあたって、一か月以内にオーストリアへ侵攻しようとするボナパルトの見通しはますます立たなくなった。というのは革命政府の後の総裁政府がこの武力行動の冒険性を危惧し、そのうえさらに手持ちの資源も欠乏してきたため、ボナパルトにリヴォルノへの帰還を命じ、その途中に通過する四つの中立国で資源の略奪をさせようとしたからである。この命令を遂行する過程で、イタリアはそれまでの繁栄を回復しえないほどに略奪された。

しかしながら、軍事的見地に立って考えると、ボナパルトの行動の自由に対するこのような束縛も、諺にあるような「そうとは見えぬ天恵」（見かけは不幸だが、実際は幸福なこと）であった。ボナパルトに夢の実現を追うことをやめさせることによって、かえって敵の援助によって彼が目的を手段に合わせることを可能にし、彼の最初の目的を可能な範囲にとどめることができるところまで、勢力の均衡を回復させることができたからである。このことについて、イタリアの偉大な歴史家フェレーロの批評を引用すると次のとおりである。

「ボナパルトの第一回のイタリア遠征は、これまで一世紀の間、攻勢的行動の勝利の叙事詩として讃えられてきた。そこではボナパルトは自らの恵まれた好運とともに勇敢さを持って攻撃に次ぐ攻撃を行なって、きわめて容易にイタリアを征服できたようにのべられてきたことを採りあげたい誘惑に駆られるが、その遠征の戦史を公平に研究すれば、対抗する両軍は相互に攻撃を繰り返し、多くの場合攻勢側が失敗したことが明らかである」。

ボナパルトの計画によるというよりも、状況の勢いによって、敵が引き続き保持しているマントヴァ要塞は、来攻するオーストリアの援軍をおびき寄せる囮となり、またその援軍を彼の餌食とする役割を果たした。しかしながら、ボナパルトが当時の将軍たちの伝統的な慣行に従って陣地を築いてそれに立てこもることはせず、自軍の機動性を保持して、あらゆる方向への重点形成にも即応しうるように、固定的でなく、各集団を広く分散させたことの意義は大きい。

オーストリア軍の最初の援軍が、マントヴァ要塞に対する救援を企図したことに対して、ボナパルトのとった方法は、マントヴァ要塞の包囲の放棄を躊躇したため危険に陥ったが、彼がこの要塞を放棄したときに初めて、自軍の機動性を利用してオーストリア軍をカスティリオーネで撃破することができたのである。

総裁政府は、次いでボナパルトにチロル山地を前進してライン方面の主力軍と協同作戦をとるよう命じた。オーストリア軍はボナパルト側の行なった直接的前進を利用して主力を東方へ離脱させることに成功し、まずヴァルスガナ渓谷を渡ってヴェネツィア平原に入り、その後マントヴァ要塞を救援するため西進した。しかしボナパルトは、自軍の北進継続も、退いてマントヴァ要塞を守ることもせず、山間を通る敵の後尾兵力を激しく追撃し、それによって敵の間接的アプローチに対抗して自らの間接的アプローチを復活した。しかしボナパルトの間接的アプローチは、敵のそれよりも一層決戦を求める目的を持っていた。彼はバッサーノでオーストリア軍の後半部の部隊を捕捉し、これを粉砕した。そして彼はオーストリア軍の残りの前半部の部隊を追跡してヴェネツィア平原へ出て、敵のマントヴァに向かう前進を阻止せずに、オーストリアへの退路とトリエステへ向かう敵こうしてこのオーストリア軍も、ボナパルトの持っているいわばマントヴァ金庫への追加の入金と化したのである。

ていた多くの軍事的資金をこのように封鎖してしまったので、オーストリアは新規の支出をしなければならなくなった。今度（これが最後ではなかったが）はボナパルトの戦術の直接性（直接的アプローチ）によって、彼の戦略の間接性（間接的アプローチ）が成功する見込みが危うくなった。オーストリア側のアルヴィンツィとダヴィドヴィッチの率いるふたつの軍が、ボナパルトのマントヴァ警戒の軸心であろうヴェローナへ迫ってきたとき、ボナパルトはそのふたつの軍のうちの強いほうのアルヴィンツィの軍に対抗し、カルディエロで激しく撃退された。しかし彼は退却せず、アルヴィンツィ軍の翼側を大きく南へ機動し、その背後に向かうという行動に出た。そのときボナパルトがいかに絶望的な状態に陥っていたかは、彼が総裁政府へ送った報告で知ることができる。「私は自軍の弱体化と疲労が最悪の状態に陥ることを恐れている。われわれはおそらくイタリアを喪失する前夜にあると考える」と。湿地と河川の徒渉《としょう》による行動の遅滞は、彼のこの機動を大きな危険に陥れたが、この機動は、ヴェローナで、オーストリアのふたつの軍がボナパルトの軍を粉砕しようとする計画を挫折させてしまった。アルヴィンツィ軍がボナパルト軍に会敵するため急行する一方、ダヴィドヴィッチ軍は消極的態勢のままとどまっていた。たとえそのような状況にあるとしても、数で勝るこのアルヴィンツィ軍を圧倒することは困難であろうと、ボナパルトは考えていた。しかしアルコラの戦闘で戦いの帰趨が決まらなかったとき、ボナパルトは彼にはめずらしい戦術的詭計を用い、数名のラッパ手をオーストリア軍の背後に潜入させ、突撃ラッパを吹奏させた。それから数分も経たないうちに、オーストリア軍は敗走した。

それから二か月後の一七九七年一月、オーストリアはマントヴァ救援の第四回目（最後）の企図に打って出た。しかし、これもリヴォリで粉砕された。リヴォリでは、ボナパルト軍のゆるい集団編成がその機能を十分に発揮した。四隅に石の錘《おもり》を付けた大きな投網のように、敵の一縦隊が突きあたると、その網は突きあたった点を中心にして閉じ、隅にある錘の石が寄り集まってきて敵の縦隊を一網打尽にした。

このように、衝撃を受けると集中した攻撃隊形になる自己保存的能力を持った部隊編成は、ボナパルトが開発した新しい師団編成であった。――それによってあるひとつの軍は、以前のように一体となって集団を形成し、臨時的にその集団から支隊を差し出すという形をとらず、独立して行動できる分割された兵力に恒常的に細分化されていた。ボナパルトがイタリア遠征でとった集団編成は、彼がその後に実施した戦争では、師団を軍団で置き換えた、さらに高度に開発されたバタイヨン・カレー（方形大隊）となった。

リヴォリの戦闘では、この「装塡された網」は、オーストリア軍の機動する一翼を粉砕する手段であったが、オーストリアの全軍の退路を遮断するために、二千名の部隊をガルダ湖を渡河させたボナパルトの豪胆さが、敵の主力の抵抗を崩壊させたことの意義は大きい。マントヴァ要塞は降伏し、オーストリアは自国への外門としてのマントヴァを救護するために多くの兵力を失ったので、ボナパルトが無防備の自国の内門に迅速に接近してくるのを絶望的な気持ちで見守っているほかなかった。フランス軍主力はまだライン川の数マイル手前まで侵入しただけであったが、この内門に対して脅威を与えることによって、フランスはオーストリアから講和をつかみ取ったのである。

一七九八年、第二回対仏大同盟が、ロシア、オーストリア、イギリス、オスマン帝国、ポルトガル、ナポリ王国、ローマ教皇によって結成された。この大同盟の目的は、前記の講和条約の束縛を解放しようとするものであった。当時ナポレオンはエジプトにいて、彼が帰国したときのフランスの運命は危機的状態に置かれていた。野戦軍の戦力は大きく低下し、国庫は底をついており、兵員の徴募も減少していた。

ナポレオン・ボナパルトは帰国して総裁政府を倒して、第一統領となった。彼はディヨンで予備軍の編成を命じたが、それはかき集められる限りの、国内の部隊で編成したものであった。しかし、彼はその軍をライン方面の主戦場にいるフランス軍主力の増援には充当しなかった。その代わり、彼は自ら実施した間接的アプローチのうちで最も大胆な企図を計画した。それは、イタリアにいるオーストリア軍の背後を目指してきわめて大きな旋回機動を行なうことであった。すでにオーストリア軍は、フランスがイタリアへ派遣している小規模な兵力を、フランス国境に近いイタリア西北部に封じ込めていた。ボナパルトは、最初はスイスを通ってルツェルンまたはチューリッヒへ前進してから、サン・ゴタール山道またはチロルまで進出する意図を持っていた。しかし、イタリア方面にいる軍がひどく圧迫されているという情報を入手したため、彼はサン・ベルナール山道を抜ける近道をとることにした。こうして、彼が一八〇〇年五月の最後の週に、アルプス山脈を越えてイヴレアへ進出したとき、彼の軍はまだオーストリア軍の右正面にあった。ボナパルトは、ジェノバに閉じ込められているマッセナ軍を直接救援するため、東南方へ進まずに、前衛部隊を真南にあるケラスコへ前進させる一方、この牽制行動を利用して、自ら主力を率いて東方のミラノへ離脱した。

こうしてボナパルトは、彼の言う「自然の陣地（natural position）」にある敵と遭遇するような前進をせずに、アレッサンドリアの西側に面して、オーストリア軍の背後を横切る「自然の陣地」を確保した。これは、敵の背後に対する致命的効果を持つ機動を実施するという、彼の最初からの目的である戦略的閉塞を形成するものであった。というのは、自然の障害を利用したそのような陣地は、敵の急所を押さえる強固な軸心をボナパルトに与えるものだったからである。そして彼の敵は、退却・補給の路線を遮断された場合には、通常小部隊に分かれて雪崩のように後退するという本能的ともいえる傾向があった。この「戦略的閉塞」という概念は、間接的アプローチの戦略に対する、ボナパルトの最も大きな貢献であった。

ボナパルトはミラノにおいて、オーストリアのふたつの退路のうちのひとつを遮断し、次にその遮断線をポー川南側からストラデラの隘路にまで延長し、他の退路も遮断した。しかし、この時点では、彼の構想は一時的に手段（能力）を若干超えていた。というのは、彼の兵力は三万四千にすぎず、彼がライン方面の軍に対してサン・ゴタール山道への派遣を命じておいた一万五千の兵力は、モローがその実行を躊躇したため到着が遅れていたからである。彼の「戦略的閉塞」に要する兵力の不足が強調された。そしてこの時点で、ジェノバにあったフランス軍が降伏し、これまで情報を提供してきた敵国内に定着していた諜者がいなくなってしまった。

オーストリア軍が今後どの経路をとるかが不明であり、イギリス海軍がオーストリア軍に糧食の補給をすることができるジェノバ地区へオーストリア軍が退却する恐れもあったため、ボナパルトはすでに獲得していた多くの有利な条件を放棄せざるをえなくなった。彼は敵が以前よりも積極的な行動をとるようになったと信じて、ストラデラ地区の自軍の自然陣地を放棄し、ドゥセに一個師団を与えて、アレッサンドリアとジェノバの間の通路を遮断するために派遣し、自らは敵情偵察のため西方へ進んだ。ボナパルトはこのように手許に自軍の一部しか残していない不利な態勢にあるとき敵に衝かれた。そのときオーストリア軍は突如アレッサンドリアから現われ、マレンゴー平原でボナパルトに遭遇しようとして前進してきた（一八〇〇年六月十四日）。マレンゴーでの戦闘はなかなか決着がつかず、ドゥセの支隊が駆けつけたときでも、オーストリア軍はやや追い返されたにすぎなかった。しかし、このときボナパルトは自分の保持していた戦略的地位を挺として利用し、士気沮喪していたオーストリア軍司令官に対し、ロンバルディアから撤退してミンチオ方面へ後退させるという協定を無理矢理とりつけた。

その後、ミンチオ方面で散漫な戦闘が再開されたが、その六か月後に第二回対仏大同盟戦争が終結し、その休戦条約にはマレンゴーの戦闘の精神的影響が明らかに見てとれるのである。

その後、数年間の不安定な平和状態が続いた後、フランス革命戦争の幕が再び開いて、新たな劇が開始された――ナポレオン戦争である。一八〇五年、二十万のナポレオン軍はブローニュに集結し、イギリス海岸への急襲の脅威を与えたが、突然ライン川を目指して強行軍に転じた。ナポレオンが本当にイギリスへの直接侵攻を意図したのかどうか、あるいはこの示威行動はオーストリアへの間接的アプローチのための初動であったのかどうかは、今にいたるまで謎である。おそらくナポレオンは、ブールセの「分枝を持った計画」の原則を実行したものと考えられる。彼は東方へ向かう分枝計画を採用する決心をしたとき、オーストリア軍はこれまでどおり「黒い森（現在のドイツ南部バーデン＝ヴュルテンベルク州シュヴァルツヴァルトの山岳森林地帯）」の出入口を閉塞しようとしてバイエルンへ出兵するであろうと計算したものと思われる。ナポレオンはこの予測に基づいて敵の北翼側を大きく迂回し、ドナウ川を越えてレヒ川までの大機動を計画したが、これによって敵の背後にまたがる戦略的閉塞を意図していたのである。これはストラデラ隘路の機動の規模を拡大し、それを繰り返したものであり、ナポレオン自身も麾下部隊に対しその類似性を強調した。さらに彼は自軍の兵力が敵に優越していたため、ひとたびその戦略的閉塞が成功すると、その閉塞点を移動して変えることができた。ナポレオン軍はオーストリア軍の背後で、その出口を締めあげたため、ほとんど無血でウルムの戦勝を獲得することができた。

ナポレオンは弱いほうの敵を一掃したので、今度はクツーゾフ麾下のロシア軍に対処しなければならなかった。このロシア軍はオーストリアを横断中、オーストリア軍の小規模な派遣部隊をかき集めながら、イン川に到着したばかりであった。イタリアとチロル地方から別のオーストリア軍が戻ってきたことは、小規模ながらも直接の脅威であった。ナポレオン軍の規模は（最初はともかく）今となっては大きすぎて運用上不便であった（このような経験は後にも見られた）。この大規模な軍にとっては、ドナウ川と南西に延びる山岳地帯の間のスペースは、局地的な間接的アプローチをとるには狭すぎた。またウルムの機動のような範囲の広い運動を行なう時間はなかった。しかしながら、ロシア軍がイン川周辺にとどまっている限り、彼らは「自然の陣地」に布陣していることになるのであった。それはオーストリア国境を掩護するだけでなく、他のオーストリア軍がカリンシアを通って北上してロシア軍と合流し、ナポレオン軍に対する強固な壁を形成するための掩護の役割をも果たすことになるのであった。

ナポレオンはこの問題に直面し、最も巧妙な間接的アプローチのひとつを実施した。彼の初めの目的は、可能な限りロシア軍を東方へ押し返して、イタリアから帰還しつつあるオーストリア軍とロシア軍とを分離することであった。そこで彼はクツーゾフ軍とウィーン方面へ直接東進する一方で、ドナウ川の北岸沿いに、モールティエの軍団を派遣した。クツーゾフ軍のロシアへの交通線に対するこの脅威は、クツーゾフが斜めに東北方へ後退してドナウ川に沿ったクレムスに陣取るよう仕向けるのに十分であった。そこでナポレオンは、ミュラーに命じてウィーンを目標として前進し、クツーゾフの新陣地の前を横断する突進を実施させた。ミュラーはウィーンに到達した後には、ホラブルンに向かうことになっていた。こうしてナポレオンは、まずロシア軍の右翼側に脅威を与えた後、左翼側にも脅威を与えた。

ミュラーが誤ってロシア軍との一時的休戦に同意したため、この行動はロシア軍を背後で遮断できなかったが、ロシア軍をさらに東北方のオルミュッツ（オロモウツ）まで退却させることになった。オルミュッツはロシア国境に非常に接近した地点である。今やロシア軍はオーストリアの増援軍とは離れてしまったが、ロシア国内からの増援に対してはかえって近くなった。ロシア軍はオルミュッツで大規模な増援を受けることになった。ロシア軍をこれ以上押し返せば、その力を強化させるだけだったであろう。そのうえ、時間は切迫し、プロイセンの参加が迫っていた。

そこでナポレオンは、自軍を巧妙に弱く見せかけることによって、ロシア軍を攻勢に出るよう誘うという、心理的間接的アプローチをとった。敵軍の兵員八万に対して彼は五万の兵力をブルノに集中させただけで、そこからオルミュッツ方面へ孤立した支隊を推進させた。彼はこの見せかけの弱さをさらに強く印象づけるために、ツァーとオーストリア皇帝に対して「平和の鳩」を捧げた。敵がこの囮にだまされたとき、ナポレオンは自分の仕掛けた罠に合うように自然によって作られたアウステルリッツの陣地まで、敵にわかるように退却してみせた。これに続く戦闘で、彼はめずらしく戦術的な間接的アプローチを用いて、戦場での自軍の劣勢を相殺した。ナポレオンは、自軍の退路に対して攻撃を加えるよう敵を誘導することで敵の左翼を引き延ばしてから、敵中央の弱体化した「結節部」にまわりこんで突破した。これによってナポレオンは決定的勝利を得て、オーストリア皇帝は二十四時間以内に講和を請わざるをえなくなった。

その二、三か月後、ナポレオンが方向を転換し、プロイセンと対戦したときには、彼は敵に対して二対一の兵力上の優位に立っていた。ナポレオン軍は質量ともに大陸軍であるのに対して、敵は訓練未了で、外観上も時代遅れの陸軍であった。ナポレオンの戦略では、この兵力上の優越を確保する効果は顕著で、その後の彼の作戦遂行にその影響がはっきりと表われた。一八〇六年には、ナポレオンは依然として緒戦の奇襲の利を追求し、それを手中に収めていた。彼はこの目的のために、自軍をドナウ川付近に宿営させ、そこから迅速に北進し、チューリンゲンの森林が形成する自然の掩蔽を利用して兵力を集中した。次に彼のバタイヨン・カレー（方形大隊）が突如として森林地帯から向かい側の平地に出現し、敵国の心臓部に向かって直進した。こうしてナポレオンは、プロイセン軍の背後に進出したというよりも、図らずも進出してしまったことに後から気づいた。続いて彼は大きく旋回してイエナでプロイセン軍を撃破した。こうして彼は基本的には武装という重量に依拠していたように思われる。彼が置かれた立場からくる精神的影響力は重要ではあったが、それはあくまでも副次的なものであったからである。

またポーランドと東プロイセンで続いて行なわれた作戦でも、ナポレオンは敵を戦闘に引き入れるという単一の目的に主たる関心を注いだように思われる。つまり、彼は敵を戦闘に引き込むことができれば、自分の麾下部隊が敵を圧倒することができるという自信を持っていた。彼は依然として敵の背後への機動を行なったが、彼は敵をかみ砕くのを容易にするために──敵の士気を低下させる手段としてよりも──敵を自軍の口の中へ引き込み、捕捉する手段としてその機動を用いた。

そこで見られた間接的アプローチは牽制と精神的攪乱の手段というよりも、牽制と物理的「影響力」を引き出すための手段であった。

こうしてナポレオンは、プルトゥスク（ワルシャワの北方）における機動戦では、自軍がポーランドから北方へ前進する場合に、敵軍をロシア本土から遮断できるように、ロシア軍を西方へ誘引することを企図した。しかし、ロシア軍はナポレオンの作為した虎口を避けて離脱した。一八〇七年一月、ロシア軍は、ダンツィヒに残存していた連合側のプロイセン軍に向かって自らの決断で西方へ移動し、ナポレオンは直ちにロシア軍とプロイセンとの交通線を遮断するためのチャンスをつかもうとした。しかし、ナポレオンの指令書がコサック騎兵の手に渡ったため、ロシア軍は時宜に適した後退を実施することができた。そこでナポレオンは、ロシア軍を直接追跡した。敵がアイラウに布陣して交戦準備を整えていることを知ったナポレオンは、敵の背後に対する戦術的機動に打って出たが、おりからの雪嵐のため、その機動の効果はあがらなかった。ロシア軍は襲撃されはしたが、潰滅にはいたらなかった。

その四か月後には、両軍ともに戦力を回復した。ロシア軍は突然ハイルスブルクに向かって南進を開始した。ナポレオンは麾下のバタイヨン・カレー（方形大隊）を東方へ繰り出し、ロシア軍の直近の基地ケーニヒスベルクとロシア軍との間を遮断しようとした。しかし、このときナポレオンは明らかに交戦することに取り付かれていたため、彼の前進経路を偵察していた麾下の騎兵隊が「フリートラントで、敵が堅固な陣地を占領している」という報告をもたらすと、ナポレオンは自軍を旋回させて、その目標に向かって直接指向した。それによって戦術的勝利は得られたが、それは奇襲や機動による勝利ではなく、純粋の攻撃力によるものであった。この戦闘ではナポレオンの新砲兵戦術が示された。それは選択されたある点に対して大量の砲火を集中するという方法であった。この戦術はその後次第に彼の戦術的メカニズムの駆動軸となっていった。彼はフリートラントで勝利を確保したが、その後しばしば見られたように、この戦術は人的損害を減少させるものではなかった。

人材の銀行にいわば白地式小切手口座を所有すること（必要なだけ自由に兵力を利用できること）という点で、ナポレオン戦争（一八〇七～一四年）と第一次大戦（一九一四～一八年）は、きわめて類似した結果を示したことは奇妙なことである。いずれの場合もその結果が激しい火砲射撃の方式と関連していることも奇妙なことである。その意味は、「惜しみない資源の投入は浪費を生む」ということであろう。これは、奇襲や機動を手段とする兵力の節用という考え方とは正反対のものである。そして、以上の仮説はナポレオンの政策が同じような結果をもたらしたことで十分裏付けられる。

ナポレオンはフリートラントの戦勝がもたらす自分の魅力を利用して、ツァーを第四次対仏大同盟から離脱するようそそのかすために、自分の個性の持つ魅力を高めることができた。しかし彼は自分の魅力を過度に利用したため、自らが占めていた有利な地位を危険に曝し、最終的には彼自身の帝国をも危険に曝すことになった。彼がプロイセンに示した講和条件の苛酷なことは講和の安定性を損ない、彼の対英政策はイギリスの破滅を目指すものであり（大陸封鎖）、彼のスペインとポルトガルへの侵入は、新しい敵を立ち上がらせることになった。これらは大戦略上の基本的な誤りであった。

ここで注目すべきことは、イギリス軍少将ジョン・ムーア卿がスペインでブルゴスとフランス軍の交通線に加えた神出鬼没の短切な攻撃（間接的アプローチ）によってナポレオンの計画が攪乱され、スペインの全国民の蜂起のために力を結集する時間と空間が与えられ、それによってイベリア半島がそれ以後ナポレオン側に、絶えず出血を与え続ける急所になったことである。特に、それがナポレオンの無敵の前進を初めて阻止した例になったことは特筆に値する。

ナポレオンにはこの損失を取り返す機会がなかった。プロイセンの反乱の脅威とオーストリアの新たな参戦のために、彼は本国へ帰還しなければならなかったからである。オーストリア参戦の脅威が増大したため、ナポレオンは一八〇九年に再び遠征し、ランツフートとウィーンで敵の背後への機動を試みた。しかし、この機動の実施中に障害が起こったとき、ナポレオンの忍耐の緒が切れ、彼は直接的プローチに出て、アスペルン・エスリンクで大敗を喫した。その六週間後、ナポレオンは、同じ地点で大勝して大敗を償ったが、戦闘の犠牲は大きく、それによって結んだ講和も不安定なものとなった。

半島戦争

しかしながらナポレオンはスペインの「潰瘍」を手術し、治療するための二年間の猶予を得た。ムーア人のスペイン介入が、スペインの炎症状態をその初期の段階で阻止しようとするナポレオンの企図を妨害し、またその後数年間にわたり、イギリスのウェリントン公アーサー・ウェルズリーがナポレオンのあらゆる治癒処置を妨げ、傷を化膿させたので、ナポレオン軍の組織の中にその毒が拡がった。フランス軍はスペインの正規軍に打撃を与え続けたが、敵の敗北が徹底することによって敗者側（スペイン）は大きな利益を得た。というのは、敗北の徹底によって、スペイン側の主要な努力がゲリラ戦に投入されるようになったからである。脆弱な軍事目標が、触知できないゲリラ集団の網の目に置き換えられるようになる一方で、融通のきかないスペインの将軍たちでなく、進取の気性に富んだ非在来型の指導者たちが作戦を指揮するようになった。

スペインにとって不運だったこと（したがってイギリスにとっても不運だったこと）は、新正規軍編成の企図が一時的に成功したことであった。幸運にもこれらの新正規軍は撃破されたが、フランス軍は新正規軍を追い散らしたと同時に、自分たちの幸運をも追い散らしてしまったのである。毒は膿《うみ》を出さずに、再び全身に拡がった。

この奇妙な戦争でイギリスが与えた最も大きな影響は、フランスが直面する困難が増大し、その困難の源を掘り起こしたことであった。イギリスがそのように非常に小さな軍事的努力を払うだけで、敵に大規模な牽制を加えたことはめずらしいことであった。スペインでイギリスがあげた成果は、その他の地域であげた成果に比べて非常に対照的で、きわめて大きかった。その他の地域での成果は不幸にも小さかったが、その理由のひとつは、この戦争の間に、イギリスが大陸の同盟諸国と行なった協力が直接的であったことと、もうひとつの理由は、海洋を隔てた地点に遠征したため、それが敵に対して、地理的にも心理的にも離れすぎていたことであった。しかし、イギリスの国家政策と、国家の繁栄という点から見れば、この二流の遠征も南アフリカ植民地、モーリシャス諸島（インド洋上）、セイロン（スリランカ）、イギリス領ギアナ、西インド諸島をイギリスに帰属させたという点で意味があった。

しかし、スペインにおけるイギリスの大戦略上の間接的アプローチの実際の効果は、「戦闘に取り付かれる」という歴史家の伝統的な傾向によって不明瞭にされている。事実、半島戦争はウェリントン公の戦闘と攻囲の年代記として扱われることで、歴史的な意味の小さなものとされている。しかし、ジョン・フォーテスキュー――主として局地的な「イギリス陸軍史」に関心を持っていたにもかかわらず――前記のような傾向と誤りの修正に大いに努力した。彼自身の研究が進むにつれて、半島戦争の帰趨に対してスペインでのゲリラ活動の果たした大きな影響が次第に強調されるようになったことは、意義深いことである。

イギリス遠征軍の存在は、一方でこのような影響のための不可欠の基盤であったが、ウェリントンがスペインで行なった戦闘は、物質的には、彼の全作戦のうちで最も効果の少ないものであった。しかし、スペインからフランス軍を駆逐してしまうまでの五年間にウェリントンがフランス軍に与えた人的損害は、戦死、負傷、捕虜を合計して四万五千であるが、一方、マルボーの計算によれば、同じ時期のフランス軍の被害は戦死者だけで一日平均百名にものぼっていたのである。これから考えると、フランス軍の兵力を枯渇させ、さらにそのうえ士気を低下させた損害の圧倒的多数は、ゲリラ作戦とウェリントン自身の作戦によるものである。それらの作戦は、フランス軍を悩ませたうえに、スペインを焦土と化し、フランス軍がスペインにとどまることは飢えをもたらすだけだったのである。

このように長期にわたる遠征で、ウェリントンが行なった戦闘の回数が非常に少なかったことの意味は小さくはないのである。多くの伝記作家がはっきりのべているように、ウェリントンの性格や視野を解明する鍵を、彼が本来持っている実際的な「常識」によるものとすることは、妥当なのであろうか。最近のある伝記作家は「直接的で厳密な現実主義がウェリントンの性格の真髄であった。そのような現実主義は彼の短所や欠点の根源ではあったが、彼の公的生涯を広く眺めた場合には、それは天才の域に達するものであった」と。このような判断は、イベリア半島におけるウェリントンの戦略によって裏付けられている。

このように重大な結果をもたらしたイギリス軍の遠征は、それ自体としては主要な戦いであるが、失敗に終わったスヘルデ川方面の戦場から兵力を引き抜くものであり、イギリス政府の企図は「スペインの潰瘍」を悪化させるという大戦略の持つ潜在的価値を十分に評価したうえでのことではなく、ポルトガルを守りたいからであった。しかしながら、イギリスの政治家カスルリーが強い反対にあいながらも主張したポルトガル出兵は、アーサー・ウェルズリー少将（後のウェリントン公）の発表した次のような意見によって支持された。「もしポルトガルの陸軍と民兵にイギリス部隊二万を増援すれば、フランス軍はポルトガルの征服のために十万の兵力が必要になる。スペインが抵抗を続ける限り、フランスはこの十万の兵力をポルトガルへ割り当てることはできない計算になる。別の表現をすれば約十万のフランス軍を牽制するために二万のイギリス軍の兵力で十分であることを意味し、これは主戦場のオーストリアからその兵力の一部を転用して賄うことができる」と。

ポルトガルへの兵力の派遣は、オーストリアの主戦場に対しては何らの援助にもならず、ポルトガルから見た場合にも、それはポルトガルの掩護としては十分とはいえないが、ナポレオンに対して過度の緊張を強制し、イギリスに利益をもたらす点から見れば、十倍の果実を生むに違いなかった。

ウェルズリー卿は二万六千の兵力を与えられ、一八〇九年四月にリスボンへ到着した。当時フランス軍はイベリア半島全域に分散していたが、そのひとつの理由はスペイン国内における民衆蜂起の結果であり、もうひとつの理由はムーア人がブルゴスで襲撃を行ない、その後コルーニャへ後退したことであった。ネイは半島の西北端のガルシアを征服しようとして無駄な努力を続けていた。

ネイのいる南側の、しかもポルトガルの北部の地域にはスルトがポルトにとどまって、麾下の兵力を支隊の形で各地へ分散させていた。ヴィクトルはメリダ付近にあってポルトガルへ通ずる南側のルートに面して布陣していた。

ウェルズリーは中央位置に布陣し、不意に出現すること、ならびに敵の分散を利用することによってスルトに対抗するため北進した。彼は自分の立案した計画に反して、スルト麾下の最も南にあった支隊の背後遮断には失敗したが、ドウロ川のはるか上流を渡河して、スルトが兵力を結集する前にその配備を覆してスルト軍を奇襲した。次いでスルトの「当然予想される退却路線」を遮断し、緒戦の攪乱の成果を拡大した。ウェルズリーは、一六七五年のテュレンヌと同じように、敵に集結する機会を与えずに、その抵抗を排除した。スルトが荒涼とした山地を北へ越えてガリシアへ退却を強行したときには、スルト軍は損害により疲労困憊し、戦闘のための戦力バランスをすべて失っていた。

しかしながら、ウェルズリーの第二回の作戦は、少しも有利な点はなく、またその目的と手段の調整について十分考慮されていなかった。メリダに消極的な態勢でとどまっていたヴィクトルは、スルトの失踪後タラヴェラへ召還され、そこでマドリッドへの直接の接近路の掩護にあたった。その一か月後、ウェルズリーは、その接近路を通ってマドリッドへ進軍することを決め、いわば虎口へ乗り込んで一挙にスペインの心臓部へ突入しようとした。彼はスペインにあるすべてのフランス軍が、最も容易なルートを通って集中できる目標を提供しようとしたのである。そのうえ、フランス軍は、このような軸心に向かって集中することにより、部隊相互間の連絡を緊密化する機会を持ったのである。——軍が分散しているときは、相互間の交通はフランス軍側の最大の弱点となるのであった。

ウェルズリーは弱将クェスタ麾下の、同数のスペイン部隊の支援を受けて、わずか二万三千の兵力で前進した。一方後退中のヴィクトルはマドリッド付近の、他のふたつのフランス軍部隊からの支援が受けられる範囲内に接近していた。フォーテスキューが指摘しているように「あらかじめ計画したというよりも、偶然によって」ネイ、スルト、モールティエの各部隊が北方からマドリッドに向かって集まってきたため、フランス軍の集結兵力は合計十万以上にのぼると思われた。ウェルズリーは、クェスタの優柔不断と自分の補給の問題に妨げられて、ヴィクトル軍がマドリッドから来たジョセフ・ボナパルトの軍の増援を受ける前には、ヴィクトル軍と交戦することができなかった。そして今度はウェルズリーが後退せざるをえなくなったが、このタラヴェラの防御戦闘では、ある程度うまく苦境から脱することができた。そのときクェスタが反対しなかったら、ウェルズリーは再び前進できたはずであった。だが、前進できなかったことは、ウェルズリーにとってはかえって幸運であった。というのはスルト軍がウェルズリー軍の背後を襲撃しようとしていたからである。ウェルズリーはそれまで進んできたルートを遮断されたため、タホ川の南岸からひそかに脱出した。その後ウェルズリーは多大の犠牲を払いながら、士気が沈滞し、疲労困憊する中を退却してようやくポルトガル軍の戦線の掩護下に入ることができた。フランス軍の追撃は糧食の不足によって妨げられた。これで一八〇九年の遠征は終わった。ウェルズリーはスペイン正規軍が役に立たないものであるという教訓を学んだ。——この教訓はすでにムーア人についての経験によって明らかにされていた。ウェルズリーはその努力の褒賞としてウェリントン子爵の位を授与されたが、翌年の彼の働きのほうがこの褒賞にはふさわしいものであった。

一八一〇年中には、ナポレオンはオーストリアを講和に追い込み、一八一二年までスペインとポルトガルに注意を集中する余裕ができた。これらの二年間は半島戦争にとってきわめて重大な時期であった。当時、フランスがその目的を実現する能力に欠けていたことは、その後のフランス軍の敗北や、一八一二年、一八一三年のウェリントンの勝利よりも重要な歴史的意味がある。イギリス軍の成功の基盤はウェリントンの、軍事経済的要因——フランス軍の生活手段の制約——に関する抜け目のない計算と、ウェリントンのトルレス・ベドラス線の建設とに帰せられるものであった。彼の戦略は、本質的に軍事的経済の目的と目標に対する間接的アプローチであった。

ウェリントンは、主要な作戦が開始される前に、スペイン正規軍から通常の支援を受けた。スペイン正規軍は冬期作戦を開始したが完全に撃破され四散したため、フランス軍は攻撃目標を失い、スペイン中に広く分散し、半島南部の物資の豊かなアンダルシアへも侵入した。

今やナポレオンは遠距離から軍の指揮をとり、一八一〇年二月末までに、スペインへ約三十万の兵力を集中し、さらに後続兵力の集中を予定していた。この総兵力六十五万がポルトガルからイギリス軍を駆逐する任務を持ったマッセナに与えられた。兵力は大きかったが、スペインにおけるゲリラ戦の緊張増大に比べればその兵力は過小であることは明らかであった。ウェリントンは、イギリスで訓練したポルトガル部隊を加え、手持ちの総兵力五万を掌握していた。

マッセナの侵入はシウダード・ロドリゴの近くを通って半島北部から行なわれたため、ウェリントンに対し、その戦略の効果を発揮するための長い時間と空間を与えることになった。ウェリントンが、各地方にある糧食を奪取すると予告したことは、マッセナ軍の前進に対して、いわば変速ブレーキの作用をおよぼし、また彼が敵との中間にブサコの拠点を作ったことは、マッセナ軍の前進に対するフット・ブレーキの作用をしたが、このふたつのブレーキの作用は、麾下部隊を無益な直接攻撃に駆り立てたマッセナの愚行によって一層強められた。そこでウェリントンは、タホ川と海で囲まれた半島の山岳部を越えて後退し、リスボンを防衛するため、あらかじめ構築しておいたトルレス・ヴェドラス線に布陣した。マッセナは、四か月かかって出発点からわずか二百マイル行軍して十月十四日にトルレス・ヴェドラス線を展望できる地点に到達した。そこで彼は完全な奇襲を受けたような衝撃を受けた。彼はここを突破できず、一か月の間逡巡していたが、自軍が飢餓状態に陥ったため、三十マイル後方のタホ川沿いのサンタムレへ退却せざるをえなくなった。ウェリントンは賢明にもその退却軍を追撃することも、交戦することもせず、マッセナ軍を可能な限り狭小な地域に封じ込め、敵が自軍の給養にできるだけ難儀するように仕向けた。ナポレオンは慎重な戦略家に対して「補給だって？　そんなことを予に対して言うな。砂漠では二万の兵員が生活することができるのだ」と徹底的に叱責したことがある。ナポレオンが助長したこのような楽観的な幻想を信じたフランス軍は、このとき以後、高価な代償を払わねばならなかった。

ウェリントンは、本国においては政策の変更という間接的な危険を控え、他方では封じ込められているマッセナを救援するための牽制としてスルトがバダホスを経て南進していることによる直接の危険をかかえていたにもかかわらず、毅然として自分の戦略を実行し続けた。マッセナが、自軍に対する攻撃にウェリントンを誘い込もうとしてあらゆる手段を講じたが、ウェリントンはそれに耐えて攻撃を控えたのである。彼のとった行動は妥当であることが証明されるとともに、報いられもした。三月になってマッセナは退却せざるをえなくなり、彼の軍が国境を越えるとき、その兵力二万五千を失っていたが、そのうち戦闘で死んだのはわずか二千名にすぎなかったのである。

その間、スペインのゲリラは一層活発になり、その数も増大していった。アラゴンとカタロニアだけでもフランス軍二個軍団（合計六万人）が、マッセナのポルトガル派遣部隊を支援することもできず、数千名のゲリラとゲリラ的用法の部隊によって数か月にわたり、事実上麻痺状態となった。フランス軍がカーディスを攻囲していた南部でも、同盟がバロッサの戦果を拡大してフランス軍の攻囲を解かせることができなかったため、攻囲部隊を同地に釘付けにして、無駄な努力を重ねさせることになった。結局は同盟側を利する結果になったのである。この数年間において、もうひとつの牽制効果を発揮したのは、長大な海岸線の各地点において海軍力を利用するイギリス軍の上陸の間断のない脅威があり、その脅威はしばしば実際の上陸となって実現したことである。

これ以降、ウェリントンの最大の影響力は、彼の加える打撃よりも、彼の与える脅威を通じてもたらされた。彼がある地点に対して脅威を与えれば、いつもフランス軍はその地点から撤退せざるをえなくなり、ゲリラ部隊はその他の地点の奪取をますます期待できるようになったからである。

しかしながら、ウェリントンは脅威を与えるだけでは満足しなかった。彼はマッセナ軍のサラマンカへの退却を追跡するとき、北部にあるアルメイダの国境要塞の封じ込めを実施するため、自軍を使用する一方で、ベレスフォードに命じて南部のバダホスを包囲させた。このため彼は、自軍の機動力を拘束しておき、自軍をほぼ同じ大きさに二分した。彼のこの処置は幸運にも成功した。マッセナは兵力をかき集めて自軍を若干増強し、アルメイダを救援するために引き返してきた。ウェリントン軍はフェンテス・ド・オノロで悪条件のもとにあったところを捕捉され危険に陥った。しかし彼は敵の攻撃をなんとか撃退することができた。そのとき彼は「もしもボネーがそこにいたら、わが軍は撃破されていたに違いない」ことを自ら認めた。バダホス付近でも、ベレスフォードが来援したスルト軍を迎撃するために前進し、戦闘で処置を誤ってアルブエラで敗北した。しかし部下たちと麾下部隊の善戦によって、大きな犠牲を払いながらもなんとか窮地を脱した。

ここでウェリントンはバダホスの攻囲に努力を集中したが、攻城砲列を持たなかったため、マッセナ軍の指揮権を引き継いだマルモンがスルト軍と合流するために何ら拘束を受けずに南下してくるにつれて、攻囲を解かざるをえなくなった。今やマルモン軍とスルト軍はともにウェリントン軍を目指して統一された前進を計画していた。ウェリントンにとって幸運だったのは、この両軍の合流が摩擦をもたらしたことだった。アンダルシアにおけるゲリラ戦が新たに勃発することを警戒したスルトは、自軍の大部分をマルモンの指揮下に入れ、自らは一部の部隊だけを率いてアンダルシアへ帰った。マルモンが非常に用心深かったおかげで、一八一一年の作戦は不活発になり先細りになっていった。

ウェリントンは、自分の実施した戦闘で多くの危険を冒した。それらの戦闘で、彼がそれまでの戦略によって生み出され、また生み出されると見込まれた利益以上に多くの利益を手に入れたと主張することは困難であろう。ウェリントンの兵力の余裕が少なかったことを考えれば、これらの戦闘は有利な投資ではなかったのである。これらの戦闘で被ったウェリントン軍の損害はフランス軍よりも少なかったが、兵力比から見ると、彼の損害のほうがずっと大きかったからである。しかし、ウェリントンは最大の危機を乗り切った。そこで今度はナポレオン自身が自軍の利益を確保するために警戒心も持たずに乗り出してきた。当時ナポレオンはロシア侵攻を準備中だったからである。そこでナポレオンの関心と兵力はロシア侵攻へ向けられていた。この情勢変化と、ゲリラ戦の厳しい戦況がスペインにおけるフランス軍の計画変更をもたらした。すなわち、スペインにおけるフランス軍の努力の重点は、ポルトガルに対する攻撃を再開する前に、ヴァレンシアとアンダルシアを徹底的に鎮圧する方向へ変換されたのである。

フランス軍の兵力は、一八一〇年と比べて七万人減少していた。全兵力のうちの九万以上が、フランスへの交通線をゲリラから防衛するため、地中海沿岸のタラゴナから大西洋岸のオヴィエドの間に展開されていた。

このようにウェリントンにとって、先の見通しがよくなり、敵の抵抗も弱まったので、彼は突如シウダード・ロドリゴを急襲した。一方、ヒルの率いる一支隊はウェリントン軍の戦略上の翼側と背後の防衛にあたっていた。マルモンは戦闘に参加できず、シウダード・ロドリゴ要塞を奪還できなかった。それは彼の攻囲砲列がそこで捕捉されていたためで、彼は同要塞に至るまでの間にある、敵が食糧を運び去ってしまった地域を越えてウェリントン軍を追撃することができなかった。

ウェリントンは、この食糧の運び去られた地域を利用して南方へ逃れ、わずかの時間的余裕を利用して、大きな犠牲を払ってバダホスを急襲した。彼はバダホスでフランス軍の浮き舟橋の縦列を捕獲した。また彼はアルマラスでタホ川に架けられたフランス軍の浮き舟橋を破壊し、またこの浮き舟橋の縦列を直ちに手に入れたので、マルモン軍とスルト軍を戦略的に完全に分断した。これによって、この両軍を結ぶ最短の交通線は、タホ河口から三百マイル以上も上流の橋架を通ずるものが残されているだけとなった。

こうして彼我の兵力の均衡が回復したので、マルモンは、自軍の後方を全く心配する必要がないという有利な地位に立って、ウェリントン軍の交通線に対する機動を行なった。彼我の縦隊が数百ヤードしか離れていないまま、互いに有利な打撃を相手に加えようと、平行して前進するという場面が幾度かあった。しかし、七月二十二日、マルモンは自信過剰のため、瞬時ではあるが自軍の兵力を相対的劣勢に陥れるという過失を犯した。マルモンは自軍の左翼を右翼から遠くへ分離しすぎたのである。ウェリントンは直ちにこの好機を利用し、敵の暴露した翼に対して迅速に襲いかかった。このためフランス軍は次の増援部隊の到達する前に敗北を喫した。

しかしながら、ウェリントンはこのサラマンカの戦闘においては、実際に敵軍を崩壊させることはしなかった。イベリア半島全体として見れば、ウェリントン軍はフランス軍に比べて、依然として著しく劣勢であった。敗北したフランス軍（今やクローセルの指揮下にあった）を追撃しなかったといって彼は非難されていた。しかしフランス軍をその敗北直後に追い散らす機会を失った今となっては、敵がブルゴス要塞の掩護下に入る前に敵を捕捉することはできそうもなく、また追撃すればスペインのジョセフ王がマドリッドから彼の背後を交通線に向かっていつでも攻め下ってくる危険を冒すことになったであろう。

ウェリントンはそのような追撃を行なうことなく、敵軍の士気におよぼす効果と、政治上の効果を狙ってマドリッドに向かって前進することに決した。彼のマドリッド入城はスペイン側にとってはひとつの象徴であり、また元気を与えるものであった。一方、スペイン王ジョセフは亡命した。しかし、もしフランス軍がマドリッドに向けて兵力を集中するようになれば、ウェリントンがマドリッドにとどまれるのはわずかな時間しかない、ということが（マドリッド入城という）この衝撃的行動の欠陥であった。その行動は、マドリッド周辺に分散しているフランス軍をマドリッドに再び集中させ、マドリッドの喪失を招くだけであった。ウェリントンは強いてマドリッドにとどまることなくブルゴスに向かって軍を進めた。しかしフランス軍は「現地自活」の編成組織をとっていたので、フランス軍とフランス本国の間の交通線に対してこのように打撃を与えても、フランス軍をさほど苦境に陥れることはなかった。それによって生じる若干の影響も、ブルゴス要塞に対するウェリントンの攻囲の方法と手段が効果的でなかったために消え失せてしまった。というのは、ウェリントンのサラマンカでの戦勝とその後の行動の成功によって、フランス軍は他の任務とスペイン内の占領地を放棄して、スペインの各地域からウェリントン軍に向かって集中することになったからである。ウェリントン軍は、フランス軍に比べてムーア軍より前面にあって、ムーア軍よりも危険な位置にあったが、ウェリントンは時宜に適した後退を行ない、ヒルの支隊と合流してサラマンカで再びフランス統合軍に戦闘を仕掛けることができるほどの自信を持った。フランス軍の兵力の優勢の程度は前回と比べて低く、九万（フランス側）対六万八千（ウェリントン側）であった。そしてフランス軍は、ウェリントンの選ぶ戦場で挑戦したくはなかった。そこでウェリントンはシウダード・ロドリゴに向かって後退を続けた。彼が目的地に到着するとともに一八一二年の作戦は終わった。

ウェリントンは再びポルトガル国境へ戻り、さらに前進することなく、半島戦争の帰趨は決した。フランス軍がウェリントン側に対して兵力を集中するためにスペインの大部分を放棄したため、その放棄した地域をゲリラ側に与えることになり、その後ゲリラ側にスペインの領土の掌握を動揺させる機会を失ったからである。フランス軍のこの災厄に加えて、ナポレオンのモスクワからの退却の知らせがもたらされ、スペインに残っていたフランス軍も撤退した。こうして次の作戦が開始されると、情勢は全く一変していた。

今や増援を受けて十万の兵力（そのうち半数がイギリス兵）を持つウェリントンはついに優位に立つ侵攻軍となり、軍事的敗北よりも不断のゲリラ戦に悩まされて士気沮喪したフランス軍は、エブロ川の対岸側へ一挙に押し戻され、スペインの北端をかろうじて保持するところまで弱体化した。エブロ川の対岸側においても、ビスケー湾地区とピレネー山岳地区における、フランス軍の後方に対するゲリラ勢力の圧迫のため、フランス軍の態勢は悪化し、フランス軍は、この後方に対する圧迫を支えるため、少ない兵力の中から四個師団を転用せざるをえなくなった。ウェリントン軍は漸次前進してピレネー山脈を越え、フランスに侵攻していった。その途中、時に誤った冒険的行動によって失敗を喫することはあったが、それを巧みに収拾していった。彼の前進は半島戦争の筋書きにおけるまさに戦略的エピローグそのものであった。

このような幸運な結末も、ウェリントンが半島に存在するという心理的・物質的支援がなければ決してもたらされることはなかったであろう。フランス軍主力の関心を自分の方へ引きつけた彼の活動は、しばしばゲリラ戦の拡大を促進した。一八一二年の作戦で彼がフランス軍を攪乱して、フランス軍が損害を減少させる目的で戦域を縮小したときに得た勝利があるが、この勝利はフランス軍のその後の戦勢の見通しを好転させたのか、またはそれはかえって一八一三年の彼の前進を困難にしたのか、と考えてみることはひとつの問題であり、また興味ある考察である。というのは、フランス軍がスペイン全土にわたって広く長く分散するほど、その最終的崩壊はより確実で完全なものとなったと考えられるからである。半島戦争は、その一世紀後にアラビアのロレンスが整然とした理論へと発展させ、またそれを実際に適用した戦略（ロレンスはそれを完全に遂行したわけではないが）を、意図して達成されたものというよりも、むしろ本能的な常識によって達成された、卓絶した戦例である。

ここで「スペインの潰瘍」の観察を離れて、ナポレオン自身の思考に知らぬ間に影響を与えていた、別種の戦略的展開の検討に立ち帰ってみたい。

ナポレオンの戦略――ヴィルナからワーテルローまで

一八一二年のナポレオンのロシア遠征は、彼の戦略のうちにすでに顕著になりつつあった傾向の当然の帰結であった。その傾向とは機動よりも兵力の優勢に依拠し、奇襲よりも戦略的隊形に依拠することであった。地理的条件に依拠する傾向は、ここで挙げた諸傾向の弱点を拡大するのに役立つだけであった。

ナポレオン軍は四十五万という大規模なものであったため、それに引きずられて、ほとんど一直線の配備を採ったが、それは自然の結果として「当然予想される線」に沿った直接的アプローチになってしまった。事実ナポレオンは一九一四年のドイツ軍と同じように、自己の戦線の一端、すなわち左翼に重点を置いた。そしてヴィルナのロシア軍に対して、自軍の右翼を軸として大旋回して攻撃を加えようとした。しかし彼が、「敵の拘束」という任務を与えた彼の弟ジェロームの消極的性格を考慮に入れてもなお、敵が著しく愚かでない限り、この機動は、敵を牽制し攪乱する有効な手段とするには、あまりにも実施が困難で、あまりにも直接的すぎた。この機動が実施されると、ロシア軍の巧妙な退避戦略により、この機動の欠点が露呈した。

ナポレオンは、自分の最初の攻撃をこのように「空打ち」にして失敗した後、ロシア国内に前進するにつれて、戦線を自分の常用するバタイヨン・カレーの隊形に固め、それを敵の後方に対して戦術的に旋回させようとした。しかし、戦闘方針を切り替えたロシア軍は、愚かにもナポレオン軍の開口部へ先頭部を突っ込んだ。これらの開口部はスモレンスクであまりにもあからさまに閉じられていたため、ロシア軍は逃げ出してしまった。真の間接的アプローチに比べて分進合撃的アプローチの持つ欠点をこれほど明らかに示した事例はほかにない。その後のモスクワからナポレオン軍の退却の悲惨な結果は、厳しい気候のために起こったというよりも——事実、降霜は例年よりも遅かった——フランス軍の士気喪失のためであった。この士気喪失は、直接戦闘を目的としたナポレオンの戦略が、ロシア軍の後退戦略によって挫折したことにより起こったのである。この後退戦略は、間接的アプローチの戦争政策という大戦略を実施するための戦略的方策だったのである。

さらに、ロシアでの敗戦がナポレオンの運命に与えた損害は、スペインでのナポレオン軍の失敗がもたらした心理的、物質的な影響によって拡大された。スペインにおけるイギリスの果たした重要な効果を評価する場合、スペインでの作戦でイギリスが、その伝統的な「根元を断つ」戦争政策を追求していたことの意義は大きい。

ナポレオンが一八一三年に、以前よりも機動性で劣るが、新しい優勢な兵力をもって、プロイセンの反乱をロシア軍の侵入に対抗したとき、彼は常用の手段であるバタイヨン・カレーによる分進合撃の圧力により敵を潰滅させようとした。だが、リュッツェンの戦闘も、バウツェンの戦闘もいずれも決着がつかず、その後同盟諸国は退却線を長く延長して同盟軍を戦闘に引きずり込もうとするナポレオンの企図を阻止した。同盟諸国軍があまりにも捕捉し難かったために、ナポレオンは六週間の休戦を申し入れざるをえなくなった。休戦が終わると、オーストリアも彼の敵側に参加することになった。

その年の秋季作戦は、ナポレオンに奇妙な光明を投げかけ、彼の心境を変化させた。ナポレオンは敵の総兵力にほぼ匹敵する四十万の兵力を持っていた。彼はベルリンを目指す分進合撃のために、そのうちの十万の兵力を使ったが、この直接的アプローチによる圧迫は、ベルリン地域のベルナドッテ軍の抵抗を強化したにすぎず、フランス軍は撃退された。その間ナポレオンは主力を率い、ザクセンのドレスデンを支配下において中央位置を占めた。しかし彼は忍耐できなくなって、九万五千の兵力を有するブリュッヘル軍に向かって直路東進を開始した。一方、シュヴァルツェンベルクは、十八万五千の兵力を率い、ボヘミアからエルベ川に沿って北進を開始し、ボヘミア山地を越えてザクセンに入り、ナポレオン軍の後方のドレスデンに迫った。

ナポレオンはこのシュヴァルツェンベルクの間接的アプローチに対抗して、それを上まわる間接的アプローチを企図し、一支隊を残置して急ぎ反転した。ナポレオンの計画は、西南へ進んでボヘミア山地を越え、この山地を通るシュヴァルツェンベルクの退却路をまたいで占位《せんい》することであった。その位置は「戦略的阻塞《そさい》」を行なうには理想的な位置であった。しかし、ナポレオンは敵接近の報に冷静さを失い、最後の瞬間に既定の方針を捨て、ドレスデンを目指し、またシュヴァルツェンベルク軍を目指して、直接的アプローチを行なう決心をした。この戦闘は勝利に終わったが、それも単なる戦術的決戦にとどまり、シュヴァルツェンベルクはボヘミア山地を通って南方へ完全に退却した。

その一か月後、同盟側三か国の軍がナポレオンに向かって接近を開始した。戦闘で疲労したナポレオン軍はドレスデンから後退し、ライプチヒ付近のデューベンに布陣した。シュヴァルツェンベルクは南方へ、ブリュッヘル軍は北方にそれぞれ布陣した。ナポレオンは知らなかったが、ベルナドッテはナポレオンの北方の翼側後方においてナポレオン軍を包囲する態勢をとっていた。ナポレオンは、最初の段階で直接的アプローチをとり、第二段階で間接的アプローチをとる決心をした。すなわち、まずブリュッヘル軍を撃破し、次いでボヘミアのシュヴァルツェンベルクの交通線を遮断する行動をとった。本書の最初のところでのべた歴史的事例に徴《ちょう》してみると、このような行動の結果は失敗に終わるようである。ブリュッヘルに対するナポレオンの直接的アプローチは、ブリュッヘルを戦闘へ引き入れることができなかった。しかし、それはひとつの奇妙な結果をもたらした。その結果が全く予測されなかったことは、一層意味のあることであった。ブリュッヘルに対する直接的アプローチは、思いがけないことであったが、ベルナドッテの背後に対しては間接的アプローチとなったのである。その間接的アプローチは、ベルナドッテを驚かせ、彼を急ぎ北方へ後退させることになった。このためナポレオンの退路上のベルナドッテが排除された。これによってブリュッヘルに対する「空打ち」は、その一〜二日後にはナポレオンを見舞うはずだったひどい災難からナポレオンを救うことになった。その後ブリュッヘルとシュヴァルツェンベルクが、ライプチヒにいたナポレオン軍に迫ったとき、ナポレオンは戦闘の挑戦を受けて立って敗北した。しかし、ナポレオンはその窮地を脱する術を持っており、無事にフランスへ撤退したのである。

一八一四年、兵力的に著しく優勢となった同盟国側は、フランスに対する分進合撃を行なった。ナポレオンは、この大兵力に対して皇帝としての威信を揮《ふる》い、兵力を消耗したため、兵力不足に陥り、以前に行なった奇襲と機動力という武器を再び研ぎ直して使用せざるをえなくなった。ナポレオンは奇襲と機動力をきわめて巧妙に操ることができたにもかかわらず、あまりにも性急で、あまりも戦闘の追求に取り付かれていたため、ハンニバル、スキピオ、クロムウェルやマールバラのように芸術的巧妙さに達するような、奇襲と機動力の運用を行なうことができなかった。

しかしながらナポレオンは奇襲と機動力の使用によって自分の運命を引き延ばすことができた。彼は自分の目的と手段を明確に識別し、両者間の調整を図った。彼は自分の望むような軍事的決着をつけるためには、自分の持っている手段があまりにも制約されていることを認識して、同盟諸国軍の相互協力の攪乱を図った。彼は以前に比べて驚くほどに機動力を活用して自分の目的の達成を図った。ナポレオンが、敵の前進を遅滞させた成果はめざましかったが、「あらゆる戦略的成功を、戦術的成功によって完成させる」という彼固有の傾向によって、この戦略を継続する能力が減退することがなかったら、彼の戦略は一層効果的で持続的なものとなったであろう。彼は数回にわたる兵力集中によって、分離した敵の一部の兵力を攻撃して敵を敗北させた。そのうちの五回の機動では敵の背後の打撃に成功している。しかし彼は性急にも、ラオンにあるブリュッヘル軍に対して直接的アプローチを行なって攻撃し、埋め合わせのつかないほどの敗北を喫した。

残りの兵力がわずか三万になったナポレオンは、最後の賭けに出て、サン・ディジェを目指して東進し、途中で見つけ次第、守備隊員を自軍に加え、地域住民を侵略軍に対して蜂起させようと決心した。彼はこの前進によってシュヴァルツェンベルクの交通線をまたいで占位できるはずであった。しかしながら、彼は敵の背後に占位しなければならなかっただけでなく、交戦前にパリで兵員を徴集しなければならなかった。時間と兵力の不足だけでなく、彼がそのとき知ったように、パリが特殊な心理的反応を示す基地であったため、兵員の徴集は複雑な問題であった。パリは通常の補給基地のようなものではなかったのである。そこに最悪のことが起こった。ナポレオンの命令書が敵の手に渡ったのである。これによって、奇襲の機会も時間的余裕も失ってしまった。このような状況下でもナポレオンの作戦行動の戦略的牽引力はきわめて強大であったため、同盟側は激論の末ようやく反転してナポレオンに対抗することをやめて、パリへ進入することを決定した。同盟軍のこの行動は、ナポレオンの意図に対して心理的な大打撃を与えた。同盟軍側にパリ進撃の決定させた最大の要因は、スペイン国境から北上中のウェリントンが、先にパリへ到着するのではないかという危惧であったといわれている。もしこれが事実であるとすれば、それは皮肉なことにウェリントンの間接的アプローチの戦略と、その決定的な牽引力が最終的勝利をもたらしたことを示している。

一八一五年にナポレオンがエルバ島から帰還したとき、彼が集めた兵力の大きさが、彼を熱狂させたように思われる。彼は自分自身のやり方で奇襲と機動力を用いて、決定的な成果を手にするところまできた。ブリュッヘルとウェリントンの両軍に対するナポレオンのアプローチは、地理的に見れば直接的であったが、そのタイミングから見れば奇襲であり、その方向は敵の「結節部」の攪乱に向けられていた。しかし、戦術上の間接的アプローチの任務を与えられていたネイが、リグニーで機動の任務を実行しなかったために、プロイセン軍は決定的敗北を免れたである。そしてナポレオンがワーテルローでウェリントンと対決したとき、彼は純粋の直接的アプローチをとったため、時間と兵力を失った。そしてグルーシーが、ブリュッヘル軍を巧妙に戦場から隔離させて牽制しておくことができなかったため、さらにナポレオン側の災厄を大きくすることになった。こうしてブリュッヘル軍の出現は、ナポレオン軍の翼側に到達しただけのことであったが、その出現が予期できないことによる心理上の間接的アプローチとなり、あのような決定的な効果をあげたのである。

第9章

一八五四年から一九一四年まで

一八五一年の「大平和博覧会」（第一回万国博覧会）が新たな好戦の時代を先導したとき、新たな一連の戦争のうち、第一回目の戦争ではその政治的目的の達成が未決着であり、その軍事的結果にも決着がつかなかった。しかし、このみじめで愚かなクリミア戦争からさえも、われわれは少なくともマイナスの教訓はいくつか読みとることができる。その主たるものは、直接的アプローチの不毛さである。将軍たちがまわりが見えない目隠しを付けているときに、副官たちがロシアの砲列に向かって軽装旅団の攻撃をまともにぶち込まなければならなくなったとしても当然であろう。イギリス陸軍においては、戦闘行動のあらゆる面に「直接性」がきわめて精密にかつ公式的な硬直さをもって浸透していたので、同盟を組んでいるフランス軍司令官のカンロベールはいつも当惑させられていた。しかしその数年後、イギリス宮廷の舞踏会でカンロベールははたと気がつき、次のように叫んだ。「イギリス人の戦い方とは、ヴィクトリア朝ふうのダンスなのだ！」。しかし、敵のロシア軍もイギリス軍と同じように「直接性」が本能的に深く浸透していたのである。たとえば、ある機動が衝動的に企図されると、連隊が一日中行軍し、到達した目標がその日の朝出発した地点と同じセヴァストポリの前面であったこともある。

クリミア戦争における、この情けない実例を検討するとき、われわれは次のことを（誇張すべきではないが）見のがすことはできない。すなわち、ワーテルローの戦いから四十年が経ち、ヨーロッパ諸国の陸軍は、さらに厳密に職業化されてきたという事実である。このことを取り上げたのは、職業的陸軍を非難するためではないが、職業的環境が持っている潜在的危険性を明らかにするためである。このような危険性は高級軍人に強く影響を与え、外界の事件や思考による再活性化を受けない限り、長期勤務者において著しかったことは避けられない。他方、アメリカ南北戦争の初期には、非職業的軍隊の弱点が暴露された。将帥が指揮する効果的な要具としての軍隊を鍛えるために欠かせないのは訓練である。長期にわたる戦争の継続、あるいは平和の期間の短いことは、軍の練成にとって最適の条件となる。しかし、その軍を使用する芸術家（将帥）の能力よりも軍そのもののほうがすぐれているときには、軍組織には欠陥が生ずる。

特にこの点において一八六一〜六五年のアメリカ南北戦争は顕著な対照的事例を提供している。特に南軍の軍事指導者らは、主として軍事を職業としている人びとの中から選ばれていたが、彼らの軍事職業についての研鑽の程度は、多くの場合、彼らが携わっていた民間の職業の種類ないしは個人的研究のための余暇の有無等によって差異があった。訓練場は粗末だったし、限界まで戦略を練ったこともなかった。しかしながら、局地的戦略とも呼ぶべき分野で、彼らは新鮮で広い視野を持ち、機略にも富んでいたにもかかわらず、彼らが実施した初期の主要な作戦は在来型の目的を持つものだった。

この傾向は鉄道の発達とともに強まった。鉄道は戦略に新しい運動速度を与えたが、それに伴う柔軟性――真の機動性のもうひとつの必須の構成要素――を与えなかった。南北戦争は、鉄道輸送が主要な役割を果たした最初の戦争であったが、鉄道はそれ自体が持っている固定的な形態をとるために、戦術を直線化し、硬直化させる傾向を持ったのは当然の成り行きであった。

そのうえ、南北戦争とその後の諸戦争では、各国の陸軍は後方補給を鉄道に依存するようになり、しかもその依存の度合いについては認識していなかった。補給が容易になったことで勢いを得た司令官たちは、鉄道の端末における麾下兵力をますます増大させたが、その増大した兵力を戦闘行動でどのように効果を発揮させるかについて考慮しなかった。鉄道という新しい機動の手段ができた結果、逆説的なことに機動力は増大するよりも減少することになった。鉄道は兵力の増大を助長したのである。鉄道は、効果的に戦える兵員よりも多くの兵員を輸送し、それらの兵員に給養を与えた。鉄道は兵員の要求を助長し、兵員は鉄道末地へ拘束されるようになった。同時にこれらの兵員の生存が「糸の先端」――非常に脆弱な背後の鉄道線――にぶらさがることになったのである。

このような現象は南北戦争の初期にすでに見られ、一八六四年には非常に顕著になった。北部諸州の軍隊は豊かな給養に慣れており、南部諸州の軍隊よりも麻痺状態に陥りやすかった。特に西部戦域では、鉄道によって大軍を養っていた北部諸州の軍隊は、フォレスト中将とモーガン大将の指揮する優秀な南部騎兵部隊の機動による襲撃の危険に曝された（それは航空部隊および戦車部隊による大規模な兵力輸送が可能となる未来を予告していた）。しかしついに北軍側にはシャーマンという名戦略家が現われた。シャーマンは、その後第一次大戦後に機械化機動戦の開拓者となる新学派が出現するまで、この時代の誰よりもその問題の原因を明確に知っていた人物である。敵がシャーマン側の鉄道に沿ってシャーマン軍を攻撃してくると、シャーマンは敵のそのような攻撃に対して自軍をわざと標的にしておいて、線路に連なった敵を攻撃すればよかった。彼は戦略的機動の十分な実力を再び獲得し、自軍が不意に麻痺状態に陥れられるような敵の攻撃の危険を回避しながら、再び獲得した戦略的機動力を発揮するためには、自軍を固定化した補給線から解放すべきであることを知った。それは、自軍を自給自足しうる状態で行動させなければならないことを意味する。それはまた彼が自軍の欲求を必要最小限に抑えなければならないことを意味した。言い換えれば、わが方の尻尾を敵につかまれない方法とは、尻尾を巻きあげて、自分の腕の下に尻尾をかかえながら長い距離を進むことである。このように行李《こうり》輜重《しちょう》を最小限まで切りつめることによって、彼は自軍を鉄道交通線から解放した。彼は、南部諸州の軍主力を養っている鉄道線を遮断するために南部諸州へ「裏口」から侵入し、その補給源そのものを撃破した。それは劇的な決定的効果をもたらした。

南北戦争

この戦争の最初の作戦では、南北両軍は相互に直接的前進を試みた結果、ヴァージニアでもミズーリでも戦闘の決着はつかなかった。そこで北軍総司令官に任命されたマクレラン少将は一八六二年に海軍力を利用して自軍を敵の戦略的翼側へ移動させる計画を立てた。これは陸上での直接的前進よりも成功の公算が大きかった。しかし、これは真の意味での間接的アプローチというよりも、むしろ敵の首都リッチモンドへの短距離の直接的アプローチの手段として考えられたものであったと思われる。その成功の公算は、予測される危険に対してリンカーン大統領が難色を示したことによって無に帰した。リンカーンはこれによってマクダウェル准将の軍団を控置《こうち》して、ワシントンの直接防衛に充てたのである。これはマクレランからその兵力の一部を奪っただけでなく、彼の計画の成功に不可欠の牽制の要素をも奪ったのである。

そのためマクレランは、上陸に際してヨークタウンの正面で一か月を費やし、当初の計画を、マクダウェル軍との合流を待って行なう分進合撃のアプローチないしは準直接的アプローチへと変更せざるをえなくなった。しかもマクダウェル軍団はワシントンからリッチモンドへの直接的アプローチの線に沿って陸上を前進することが許されているだけであった。その頃、南軍側の、ストーン・ウォール（「石の壁」）の異名をとったジャクソンが、シェナンドーア渓谷（アイオワ州西南部）で行なった間接的アプローチはワシントン政府に対して非常に強い心理的影響を与え、マクレランの率いる主力軍の前進へのマクダウェル軍団の参加がまたも中止されたほどであった。それでもマクレラン軍の先鋒部隊はリッチモンドへ四マイル以内に接近し、南軍のリー将軍が交戦準備を十分に備える前に、リッチモンドへの最後の前進を行なう準備を整えた。マクレランは、いわゆる「七日間の戦闘」で戦術的失敗を喫した後も、なお戦略的に有利な地位を保持していたが、それはその前の局面におけるよりもおそらく一層有利なものであったであろう。というのは、マクレランの翼側迂回運動に対する敵の妨害も、彼が自軍の基地を南のジェームス川へ切り替えることを阻止することはなく、彼はこの切り替えによって自軍の交通線を安全にしただけでなく、リッチモンドから南へ延びている交通線を脅かすほど、それに接近して占位することができたからである。

戦略変更によって、彼の有利な戦略上の地位は失われてしまった。先任将官として政治的にマクレランの上級者であったハレックは、マクレラン軍に対し、再び船に戻って北方へ撤退し、北軍将軍ポープの直接的戦術による陸上前進に合流するよう命じた。歴史に多くの事例のあるとおり、直接的な兵力の倍増は、必ずしも倍増を意味するものではなく、敵の「予想できる動き」を単純化することにより、その効果は半減するものである。ハレックの戦略は「集中」の原則の表面的な解釈には沿ったものであったが、それはありきたりの軍事目的達成の方法の底に潜む落とし穴を露呈するものであった。一八六二年の後半期を通じて支配的であったこの直接的アプローチの戦略は、十二月十三日のフレデリックスバーグでの北軍の悲惨な敗退によって、その効果のない最後をしめくくったのである。一八六三年に入ってもこの戦略が継続されたため、北軍はリッチモンドへ接近するどころか、南軍の北部諸州への侵入をも許してしまった――これは北軍の攻勢の崩壊に続いて行なわれた。

この南軍の北部領への侵入は当初は、物理的、心理的な面での「戦略的間接性」を持っていたが、南軍のリー将軍が、ゲティスバーグにある北部のミード少将の陣地に対して、次第に直接的攻撃に引き込まれるにつれてその効果を失っていった。この攻撃では、リー将軍は攻撃第三日目に自軍の兵力のほぼ半分を失うまで、執拗に攻撃をやめなかった。一八六三年末には、南北両軍ともあまりに大きな出血を見た結果、ラピダン川とラッパハノック川を隔てて互いににらみ合うだけで、それぞれ最初の陣地に引きこもっていた。

このような相互に直接的アプローチを行なう作戦では、防勢に立って敵の前進に対して反撃するだけで満足する側が、かえって有利な地位を占める傾向があったことは意義深いことである。そのような戦略的条件下では、防勢に立つ側は、「無駄な努力をすることを避けるだけで、(彼我双方が直接的戦略をとっている場合でも)相対的に直接性の度合いが少なくなる」という性質を持っているからである。

ゲティスバーグにおいて北軍がリー軍の侵入を撃退したことは、これまで一般に南北戦争の転換点をなすものとして認められ、賞讃されてきたが、このような主張はドラマティックな意味で正当化されているにすぎない。歴史家による偏見のない判断では、その決定的効果は西部(戦線)からもたらされたとする点がますます強調されている。

その第一の決定的効果は、早くも一八六二年四月に、北軍のファラガット提督の率いる艦隊が、ミシシッピー河口を守備していた南軍の砦を迂回することにより、ニューオーリンズの無血降伏がもたらされたことである。それは大河という最も重要な線で南部連合国を分断する、いわば「戦略上の楔」の先端であった。

第二の決定的効果は、リー軍がゲティスバーグの戦場から退却を開始した日(七月四日)に、ミシシッピー川のはるか上流地域で達成された。それは北軍のグラント将軍が行なったヴィックスバーグの占領であり、これによって北部諸州はこの最も重要な動脈を完全に支配することになった。

そのため南部連合国側は、ミシシッピー川の流域を占めている諸州からの増援と補給を永久に失ってしまった。しかし、敵の脇役に対して重点を指向するという「大戦略的」な効果は、その効果の達成を可能にした戦略的手段に悪影響をおよぼすことは許されるべきではなかった。すなわち、一八六二年十二月のヴィックスバーグを目指す第一回の前進は、ミシシッピー川を下るシャーマンの渡航遠征部隊と協同して、鉄道による陸上ルートによって行なわれていたのだが、グラント軍が南軍騎兵部隊の襲撃を受けて跛行状態に陥り、北軍両軍の交通線が遮断されると、南軍はシャーマン軍の運動に対し努力を集中することができた。そのためシャーマン軍の運動は事実上直接的アプローチとなり、シャーマン軍がヴィックスバーグ付近に上陸を試みたとき、簡単に撃退されてしまった。

一八六三年の二月と三月には、グラントは小規模の「翼側迂回機動」によって目的を達成しようとする試みを四回行なったが、いずれも失敗した。その後四月にグラントは、(ウルフ将軍の七年戦争におけるケベック奪取のための最後の一戦にその豪胆さで似ているだけでなく、その間接性の点でもよく似ている)真の「間接的アプローチ」に打って出た。北軍側の艦隊と輸送船団は、夜間を利用してヴィックスバーグ要塞砲台の近くを南へ下り、同要塞から三十マイル下流の地点に到達した。軍主力はミシシッピー川の西岸に沿って陸上を移動し、その地点に到達した。軍主力はシャーマンがヴィックスバーグの東北方向へ敵を牽制しているのを利用して、東岸へ輸送された。その間弱い抵抗が見られただけであった。シャーマンがグラントに合流すると、グラントは新しい臨時基地から離れて東北方へ移動して敵陣地であるヴィックスバーグの背後に進出し、ヴィックスバーグ要塞から南部連合国の東部主要諸州に至る交通線を遮断するという、考えたあげくの賭けを行なった。この機動でグラントは、出発点からほぼ完全な円を描いて動いた。こうして彼は敵の上顎《あご》と下顎の中間に占位した。上下ふたつの顎とはヴィックスバーグとその四十マイル東方の都市ジャクソンにそれぞれ集中している敵のふたつの軍を指す（ジャクソンは東西に延びた鉄道幹線から南北方向へ支線が出ている分岐点であった）。事実グラントは敵の上下の顎の運動を撹乱した。

彼がこの鉄道線まで進出したとき、敵にジャクソンからの撤退を強制するためにはまず自軍の全兵力をもって東進するのが適当である、と知ったことは特記する価値がある。これは「鉄道の発達がもたらした戦略的条件」の変化を説明するものであった。ナポレオンは、戦略的阻塞として河川の線または丘陵の稜線を利用したが、グラントの「戦略的阻塞」はただひとつの点（「鉄道の分岐点」）の確保によって構成されていたのである。彼はひと度この分岐点のジャクソンを確保すると、反転して今や孤立したヴィックスバーグを目指して前進した。ヴィックスバーグは孤立状態にかなり耐え、七週間後にようやく降伏した。この降伏のもたらした戦略的結果は、南部連合国の穀倉地帯のジョージアへの入口であるチャタヌーガの開放であり、それは南部連合国の東方諸州全域の開放へつながっていったのである。

今や南部連合国の敗北は免れがたいものとなった。しかしながら、北部諸州もそれまでに獲得していた勝利の成果を無駄にしてしまっていた。一八六四年には北部諸州は過度の緊張によって疲労し、精神的要素の影響を強く受けるようになっていた。大統領選挙が十一月に迫るころには、戦争に疲れた民衆の中から出てきた和平を望む勢力は次第に増加し、妥協的講和の追求を公約する新しい大統領がリンカーンに取って代わるか、早期の勝利獲得の確実な保証が与えられるか、どちらかしか道はもうなかった。この早期の勝利獲得という目的のために、グラント将軍は総司令官の任命を受けるために西部から召還された。彼はいかなる手を打ったのであろうか。彼は立派な正統派の軍人が常に採用する戦略、すなわち敵よりはるかに優越した兵力をもって敵を粉砕する、あるいは「連続的打撃」によって敵の兵力を損耗させる戦略に復帰する方法を選んだ。彼がヴィックスバーグの作戦で直接的アプローチを繰り返し、いずれも失敗した後に初めて「間接的アプローチ」を採用したことは明らかである。そのとき彼はすぐれた将軍の巧妙さをもって間接的アプローチを成功させたが、その間接的アプローチの底に潜む教訓は、彼の考え方に十分影響を与えることはなかったと思われる。

今や総司令官となったグラントは、彼自身の本来の性格に立ち戻った。彼は、ラッパハノック川の線から南方へリッチモンドを目指す陸上で、昔ながらの直接的アプローチをとる決心をした。しかし、その目的は以前とは若干異なっていた。彼の真の目的は、敵の首都よりも敵の軍隊そのものだったのである。グラントは部下のミードに対して「リーの赴くところにはどこへでもついていけ」と命じた。グラントに対して公平な見方をとれば、広い意味で彼のアプローチは直接的であったとしても、それは決して単なる正面への攻撃ではなかったことを指摘しておかなければならない。事実、彼は継続的な機動によって敵の翼側に迫ろうとしたのである。ただし、その機動の半径が小さいというきらいはあった。さらに彼は、自軍を十分に集中し、いろいろ警告を受けても決定した目的を変更しない、という軍事的教訓はよく守った。もしその場にフォッシュ［フランスの軍人。

戦略家」のような人物が居合わせて、彼に警告を与えたとしても、グラントの「勝利への意思」を変えさせることはできなかったであろう。一九一四～一八年の大戦（第一次大戦）でこれと同じような方法を実施した人物なら、グラントがその政治的上司（リンカーン）から受けた寛大な支援と、変わることのない信頼に対して羨望の念を禁じえなかったであろう。直接的アプローチという正統的な戦略が最良の方法で行なわれるための、これ以上のよい条件をほかに見出すことは難しい。

しかし、一八六四年夏の終わり頃には、勝利の果実はグラントの手中でしなびてしまっていた。北部諸州の軍隊はほとんど忍耐の限界に達し、リンカーンは大統領再選の望みを失っていた。それはリンカーンが総司令官に与えた白紙委任状と引き換えに手に入れた、みじめな報酬であった。グラントが自分の優勢な兵力集団の統御上持っていた強い決意も、ウィルダーネスとコールド・ハーバーの激戦によって萎縮してしまったため、敵軍の粉砕には役に立たなくなっていた。一方、リッチモンドの後方で、重要な働きをしたグラント側の保持する地理上の有利な地位（主要な戦果）は、彼の前進の途中でしばしば挿入された無血の機動によって図らずも得られたものであった。これらは考えてみれば皮肉なことであった。こうしてグラントは、大きな損害を被った後に、マクレランが一八六二年に占領したことがある陣地へ帰りついたことを、わずかな慰めとしていた。

しかし、黒雲に覆われていた空に突然光が射し込んできた。十一月の大統領選挙でリンカーンが再選されたのである。リンカーンの再選を助け、平和を求める民主党の大統領候補に指名されたマクレランが大統領として選ばれる見込みをつぶした要因は何だったのだろうか。それはグラントの実施した作戦によるものではなかった。というのは、グラントの作戦は七月から十二月まで事実上何らの進展もなく、十月半ばに大損害を出した二回の敗北によってその成果は先細りとなり、ついには全く消滅してしまっていたからである。歴史家の判断によれば、九月におけるシャーマンによるアトランタの占領が、リンカーン再選の救いの手段になったのだとされている。

グラントが総司令官に任命されるために召還されたとき、グラントによるヴィックスバーグの成功にかなりの役割を果たしたシャーマンは、グラントの後を継いで西部方面の司令官になった。グラントとシャーマンとはそれぞれの抱く戦争についての展望が異なっていた。グラントが敵の軍隊を主要目標としたのに対して、シャーマンの方式は戦略的要点に脅威を与えることによって、それらの要点を掩護しようとする敵軍を暴露させ、あるいは敵軍が自軍の態勢を保つために、やむをえずそれらの要点を放棄せざるをえなくするやり方であった。彼はこうして常に予備の目的を持っていた。結果的にはシャーマンの達成した目的は第二次の目的であったが、それは広範にわたる効果を発揮した。敵軍の基地アトランタは、重要な四本の鉄道の分岐点であっただけでなく、死活的に重要な補給源でもあった。シャーマンが指摘したように、アトランタは精神的象徴であるだけでなく、そこには「鋳造工場、武器庫、機械工場」が多くあった。彼は「アトランタの奪取は、南部連合国の終焉を告げる鐘である」と言った。

グラントとシャーマンがそれぞれ抱いていた目的の得失については、いろいろな意見があろうが、シャーマンの抱いていた目的のほうが民主主義の心理により適合したものであったことは明らかである。「敵の軍隊」という軍事的に見て理想的な目標を少しも迷わずに追求し続けることを望むことができるのは、おそらく絶対的支配者だけであろう。軍隊という攻撃目標を追求する人物がたとえ十分に賢明で、その目標の追求を現実の状況に適合させることができ、またそれを達成できる見込みを考量する能力を持っているとしても、彼が絶対主義的支配者でなければそれをやりとげることはできない。民主主義政府の下僕である戦略家が持つ民意を支配する力は、小さなものだ。そのような戦略家は、自分の雇用主たちの支援と信頼に依拠して「絶対主義者に仕える戦略家」が持つよりも少ない時間とコストで賄わなければならない。また「絶対主義者に仕える戦略家」よりも速やかに成果を出すことを要求される。最終的な見込みがどうであろうと、彼はあまりにも長期間にわたって配当金の支払いを引き延ばすことはできない。それゆえ、彼は一時的に自分の目的から逸脱することが必要となるかもしれない。あるいは、少なくとも自分の考えている作戦線を変更して、自分の目的を偽装することも必要かもしれない。これらの避けることのできない障害に直面したとき、軍事理論上の理想を、不本意な現実（軍事上の努力のすべてが民衆の考え方を基盤として存在するという現実）に調和させる用意を戦略家側が持つべきかどうかを考えてみることは有益なことである。というのは、民主主義のもとでは、人的資源、軍事物資の補給についても、さらに戦争を継続するかどうかについてさえ、すべて一般庶民の同意が得られるか否かにかかっているからである。笛吹き芸人を雇う人間は曲目を指定する。同じように、妥当で可能な限り、民衆の聞く耳に同調させるような戦略をとる戦略家たちは、より多くの報酬を受け取るであろう。

シャーマンの、機動による「兵力の経済的使用」はさらに特記するに値する。ヴァージニアにおけるグラントと比べて、彼は自軍の補給を事実上一本の鉄道線に縛りつけられていた。しかし、彼は自軍の部隊を直接的攻撃にかかわり合わせるよりも、それを一時的にこの補給線から引き離す手段もとった。数週間の機動で、彼はただ一回だけケネソー山地で正面攻撃を企図した。この企図の理由が、降雨によって沼沢と化した道路上を、さらに翼側迂回を行なうことになっていた麾下部隊の苦労を減らすためであったことの意味は大きい。またこの正面攻撃が、敵に撃退されたことの意味も大きい。この正面攻撃の企図は、最初に撃退されたため中止されたので、損害は少なかった。事実、これは山岳地と河川錯綜地を百三十マイルも前進した全行程中、シャーマンが麾下部隊に攻勢的な戦闘任務を与えた唯一の事例であった。その代わり、シャーマンしばしば巧みには南軍をおびき寄せて、自軍への無益な攻撃に駆り立てた。これらの攻撃は壕や胸壁を迅速に構築する高度な技術と攻勢を併用する、シャーマン式の方策によって裏をかかれた。敵が彼の機動的な防壁突破に失敗するたびに、シャーマンはその戦略的に優位な立場を次第に強めていった。戦略的防勢に立っている敵に、そのような一連の損害の多い戦術的攻勢に出ることを強いる方策は、歴史上まれにしか見られない、戦略上のいわば芸術的ともいえる事例であった。それはシャーマンがただ一本の交通線に縛りつけられていたという点を考慮すれば、一層そのすばらしさが増してくる。精神的、経済的効果を無視した最も狭義の軍事的評価基準から見てさえ、それは偉大な妙技であった。その理由は、シャーマンは相対的にも実際上も、自軍の受けた損害よりも大きな損害を敵に与えたからであり、この点から考えると、ヴァージニアにおけるグラントの働きは、シャーマンと比べて小さく見えるのである。

シャーマンはアトランタを奪取した後、それまでには見られなかったような冒険を行なった。この点について、彼は軍事評論家たちによって多くの批判を受けてきている。もしシャーマン軍が、南部穀倉地帯のジョージア州を通過し、その途中で鉄道組織を破壊し、続いて南北カロライナ州（南部の心臓部）を通過したならば、この侵入が与える精神的感作に加えて、北方のリッチモンドとリー軍に対する南部の補給は断絶し、南部の抵抗を崩壊に導くものと彼は確信していた。

それゆえにシャーマンは、自分がアトランタからの撤退を強いたフードの軍を無視して、途中で鉄道を破壊しながら現地自活を続けてジョージア州を通過するという、かの有名な「海への進軍」を開始した。一八六四年十一月十五日、彼はアトランタを出発した。十二月十日にサヴァンナ郊外に到達し、そこで自軍の交通線（今回は海上交通によるもの）を開設し直した。ここで南部の将軍で歴史家でもあったアレクサンダーの評言を引用すれば、「この進軍が南部連合国に与えた影響は、全般的に見て、最も決定的な戦勝よりも大きかった」のである。シャーマンはその後、南北カロライナ州を通過し、リー軍の背後を目指して北進、途中、南部に残存する主要な港湾を奪取した。

シャーマンが採用した作戦方式については、さらに詳しく検討する価値がある。ジョージア州を通過する行軍の間に、彼は自らの交通線から離れて行動しただけでなく、じゃまな手荷物、すなわち糧食・武器・弾薬を大幅に削減した。このため彼の部隊は六万の兵力から成る軽装備の、いわば巨大な「飛行縦隊」となった。彼の麾下の四個軍団はそれぞれ自給自足し、徴発部隊は行軍縦隊の正面と両翼側にかけて大きな網を構成していた。

さらにそのうえ、シャーマンはこの行軍の間に、斬新な戦略の実行法を発展させた。アトランタ攻略作戦では、彼は自らよく知っていたとおり、ただひとつの地理的目標しか持っていなかったため、敵が彼の攻撃を受け流すための対処法を単純化させてしまったという不利な経験をしていた。

シャーマンは今度は、敵を繰り返し「ジレンマの角の上に立たせる」（彼が自分の目的を表現するために使用した言葉）ことによって、この不利な点を除くように巧妙な計画を立てた。彼は、自分の目標がどこにあるのかという点について、南軍が思い迷うように前進した。彼の最初の目標がメイコンであるかオーガスタであるか、第二回の目標がオーガスタであるかサヴァンナであるか、わからないように仕組んだ。シャーマンは自分の好みというものは持っていたが、一方では状況の要求するところに従って、いつでも予備目標に切り替える用意ができていた。しかし、彼が目標を欺騙《ぎへん》するよう前進したため、敵側に不安動揺が起こり、予備目標へ切り替える必要はなかった。

シャーマンは、ジョージア州を通過する行軍によって、軍をいかに軽快に動かすことができるかを実証した後、今やそれをもっと軽快に動かすことができることを証明した。南北カロライナ州を通る北進を開始するに先立って、彼は軍を改編し、「一令の下に出発する意欲と能力を持ち、最小限の糧食で活動できる機動部隊」を作りあげようとした。冬季であったが、今や将校でさえ棒や大枝の上に帆布を覆って、その下でふたりずつ野営することにした。テントや備品はその場ですべて捨てられた。

シャーマンがふたつの目標の中間を前進するという欺騙をもう一度行なったため、敵軍はオーガスタとチャールストンのいずれを掩護すべきかを決定できず、敵の兵力は二分された。そのようにしておいて、シャーマンはそのいずれの地点も無視し、両地点の中間を迅速に前進しコロンビア（南カロライナ州の首都で、リー軍の最大の補給源の中心地）を奪取した。南軍側はシャーマンが次にシャーロットとフェイエットヴィルのいずれを狙っているかがわからず、不安動揺が続いた。

次にシャーマンが、占領したフェイエットヴィルから前進を開始すると、敵は彼の次の目標（そして最後の目標）が、ローリーであるかゴールズボロであるかについて思い迷った。しかし、シャーマン自身でさえ、ゴールズボロにするか、ウィルミントンにするかを明確に決めてはいなかったのである。

効果的な抵抗が十分可能な兵力を持った敵をものともせず、河川、クリーク（短い支流）、沼沢の散在する地域を四百二十五マイルにわたって、抵抗を受けずにシャーマンが進軍できたのには、もっともな理由がひとつだけある。前進方向の変換と同様に、彼の思考の柔軟性があずかって力があったのである。四縦隊、五縦隊あるいは六縦隊で進軍し、それぞれの縦隊はその周囲を雲霞《うんか》のような徴発隊で取り巻かれ、広い範囲にわたって不規則な正面をとって前進するシャーマン軍は、一方が阻止されれば他方が前進した。事実、その方式から見ると、シャーマン軍は、一九四〇年にフランスを横断して敵を掃蕩した装甲師団の先駆けをなすものであった。シャーマン軍の攻撃を受けた敵は、非常にあわてたため、何らかの深刻な物理的圧力を感ずる前に、繰り返される精神的圧迫に負け、たじろいだ。敵の精神状態は、シャーマンの機動力が与えた印象に強く影響されていたので、抵抗のため陣地につくときはいつでも、退却方法ばかりを考えていた。「われわれはシャーマンの襲撃隊だ。おぼえておいたがよい」と叫ぶだけで十分の効果があったという記録さえ残っている。もしも必勝の信念が戦闘の半分を構成するとすれば、敵のその信念を崩壊させれば戦闘の半分以上を手中に収めたことになる。それによって戦わずに勝利するという果実を手に入れられるのである。ナポレオンはオーストリアで「予は行軍だけによって敵を打ち破った」と主張したが、シャーマンも全く同じような主張をしているといえよう。

三月二十二日、シャーマンはゴールズボロに到達して補給にありつき、スコフィールドの部隊と合流した。そして、依然としてリッチモンドを固守していたリー軍に迫るための最終段階の準備として自軍の装備を点検した。

グラントがやっと前進を開始したのは四月上旬であった。この前進はめざましい成功を収めた。リー軍が降伏し、続く一週間のうちにリッチモンドが陥落した。表面的に見れば、それはグラントのとった「直接的」戦略と、「戦闘」目標の追求の結果を示す勝利であるように見える。しかし、もっと掘り下げて考えると、最も重要なことは時間的要因であった。南部軍の抵抗の崩壊は、軍における空腹が精神に影響を与えたためであり、南軍兵士への「故郷からの便り」のためであった。シャーマンがゴールズボロに到着する前に、グラントは「リー軍は士気が沮喪しており、離隊者、逃亡者が急速に増大している」と書きとめた。

人間は国家と家族に対して至高の忠誠心を持つ。そして大抵の人間は、より個人的な対象としての家族への忠誠心が強いものである。自分の家族が安全である限り、彼らは自分の国を守ろうとするが、それは自分たちが犠牲になることによって、自分たちの家族をも守っていると信ずるからである。しかし、自分たちの家族そのものが脅威を受けているときには、愛国心・規律・戦友愛の絆もゆるんでしまうものである。敵軍の背後だけでなく、敵国民の背後に対しても加えたシャーマンの攻撃にはきわめて大きな効果があった。それはふたつの忠誠心を対立状態に置き、敵の兵員の意志を分裂させるような過度の緊張を強いるものであった。

敵の背後に対する経済上の、また精神面への「間接的アプローチ」は、それが段階的に行なわれていた西部において戦争の決着を用意したのと同様に、戦争の最終局面においても決定的な効果を発揮した。間接的アプローチの効果が真実味を持っていることは、慎重に、広い視野を持って戦争を研究する者にとっては、痛切に感じられることである。このことは、三十年以上も前にエドモンズ将軍（後にイギリスの第一次大戦関係の歴史調査官となった）による南北戦争に関する著述で、次のように評価されている。

「大南部連合国の指導者たちのうちの軍事的天才であるリーとジャクソン、北部ヴァージニア軍の無敵の戦闘能力、彼我の首都（ワシントンとリッチモンド）が相互に接近して東部に存在していたために、戦争への関心は不釣り合いなほど東部の戦場に集中した。しかし、戦争の帰趨を決定する打撃は東部ではなくかえって西部において起こったのであった。一八六三年七月のヴィックスバーグとポート・ハドソンの（北軍による）占領は事実上戦争の転機となった。そして、アポマトックス・コート・ハウス（リー将軍がグラント将軍に降伏した場所）にあった南部連合国軍の崩壊を実現したのは、シャーマンの率いる西部大陸軍による諸作戦であった」と。

不釣り合いなほどの大きな関心が東部の戦場に注がれた理由のひとつは、大部分の軍事史研究家たちに催眠術的作用をおよぼした、「戦闘」というものの持つ魅力によるものであろう。もうひとつの理由は、ヘンダーソンの著作の中の「石壁」ジャクソンに関する叙事詩的伝記（それは歴史というよりも叙事詩である）の投げかける魔力によるものであろう。ジャクソンの事績そのものよりもヘンダーソンの戦争に関する考え方を体現しているという点は、この著作の独特の軍事的価値を、損うどころかむしろその豊かさを示している。しかし、この著作が南北戦争に関して引き起こした興味によって、イギリスの軍事研究者たちの関心をヴァージニアに集中させ、真に決定的事件が起こった西部の戦場を軽視させることになった。この「不釣り合いなほど大きい東部への関心」が、一九一四年以前のイギリスの軍事思潮と、一九一四〜一八年におけるイギリスの戦略におよぼした影響を、一面的であるだけでなく誤ったものでもあったと分析した現代の歴史家は、後の世代のために、そのことを広く知らせるように力をつくすべきであろう。

モルトケの戦略

軍事研究家が、アメリカ南北戦争から、それと踵《きびす》を接して行なわれたヨーロッパにおける戦争へと研究を進めるとき、そこに見られる著しい対照に強い印象を受けるようである。

対照的な点の第一は、一八六六年の普墺戦争と一八七〇年の普仏戦争では、双方とも少なくとも名目的には紛争に備えていたということである。その第二は、双方とも職業的軍隊が戦ったということである。第三は、ヨーロッパの戦争では南北戦争におけるいずれの側よりも、最高司令部がはなはだしい失策と誤算を犯したことである。第四はいずれの戦争においても、プロイセン軍が採用した戦略は、術策と巧妙さに欠けていたことである。第五は、欠陥はあったにせよ、係争問題は迅速に決着を見たということである。

プロイセンのモルトケの戦略は、構想の面では狡猾さの片鱗も持たない「直接的アプローチ」の戦略であり、優勢な兵力集中による完全な撃破力に依拠するものであった。それらふたつの戦争は「例外は例外でない事例に関する原則を検証する」という諺にいう「例外」であると結論すべきであろうか。ふたつの戦争には例外的な面もあるが、すでに検討されている多くの戦例から引き出された原則にとっての例外であるわけではない。というのはこれまで検討した多くの戦例のうちで、兵力の劣勢と思考の愚かさが、始めから敗北側の戦勢の不利にかくも顕著に作用した例はほかにないからである。

一八六六年の普墺戦争におけるオーストリア軍の劣勢は、主として劣った兵器を使用していたことによるものであった。プロイセン軍の元込め銃の装備は、オーストリア軍の充填銃に対して優位に立っていた。この戦争直後の世代の軍事研究者たちは、その優位を見落としがちであったが、それは戦場で十分実証されていたのであった。一八七〇年の普仏戦争におけるフランス軍の劣勢は、ひとつには兵員数の劣勢によるものであり、もうひとつは一八六六年のオーストリア軍と同じように訓練不足によるものであった。

これらの諸条件は、普墺戦争のオーストリア軍の敗戦が決定的であったことと、普仏戦争のフランスの敗戦がなお一層決定的であったことの原因を十分に説明している。戦争準備に際して、当面の敵が頭脳と体力の面で、一八六六年のオーストリア軍および一八七〇年のフランス軍のように弱いと考えれば、どの戦略家も軽率な計画を立案するかもしれない。

同時に、プロイセン軍の戦略はふたつの戦争において、構想面におけるよりも実行面において直接性の少ないものであったということは重要な点である。そのうえその戦略は、きわめてすぐれた柔軟性を持っていた。

一八六六年の戦争（普墺戦争）では時間を節約する必要があったため、モルトケは使用可能なあらゆる鉄道線を利用し、二百五十マイル以上にわたる正面に沿って、プロイセン軍を鉄道から下車させた。彼の意図は、迅速な前進によって国境地帯を通過して、内向きに合流していく前進によって、ボヘミア北部で自軍をすべて集結させることであった。しかし、そのときプロイセン王が「侵略者」と見なされることを恐れて、決心をためらったため時間を浪費し、モルトケの意図は挫折した。しかし、それによってモルトケの戦略には、彼の予期しなかった「間接性の効果」がもたらされた。その間にオーストリア軍が集結を終えて前進したため、モルトケが自軍の集結地として考えていた地域が奪われてしまった。そしてプロイセン皇太子は敵側へ突出しているシレジアが脅威に曝されているものと信じて、シレジアを防衛するためにモルトケの軍を南東進させてシレジアを支援させることを、モルトケに強要した。モルトケはこの行動には気が進まなかった。これによってモルトケ軍は、他の友軍から遠く離れてしまった。実はそれによって彼はオーストリア軍の大集団の翼側と後方に脅威を与える位置を占めることになったのである。学者ぶった軍事研究者たちは、モルトケがとったシレジア支援のための正面拡大を非難するために無駄な努力をしているが、実際には、もともとモルトケが意図したことではなかったこのシレジア支援は、決定的勝利の種を播いたことになったのである。

モルトケの兵力配備はオーストリア軍総司令部を非常に悩まし、そのためにプロイセン軍は、多くの失敗を重ねたにもかかわらず、まず国境の山岳地帯を両方向から越えてケーニヒグレーツで勝利を収めることができた。そこではさらにいくつかの失敗があったが、それがかえって間接性を助長する結果につながり、プロイセン軍のアプローチを決定的なものにした。事実、オーストリア軍総司令官は、戦いを始める以前に精神的打撃を受けていた。彼はプロイセン皇帝に対して即時講和を求める電報を送った。

モルトケによる広大な地域にわたる兵力の集結は、オーストリア軍の正面四十マイルにわたる集結よりも大きな柔軟性を持っていたことは特筆すべき価値がある。そのオーストリア軍の集結は、一見したところ「内線」作戦を実施できるだけの優位をオーストリア軍に与えたように思われた。モルトケの意図は、敵と遭遇する前に兵力を集結することにあったが、これは直接的な攻撃を加えることを目的としたものではなかったことにも触れておかなければならない。モルトケは最初にふたつの分枝を持つ計画を立てた。もし偵察によって、オーストリア軍が占位していると考えられる、エルベ川の対岸側のヨーゼフシュタットの陣地が不安定な状態にあるとわかれば、プロイセン皇太子の率いる軍は東方へ少しはずれて、その陣地の翼側に迫り、他方、他の二個軍がその陣地を正面から拘束する手はずになっていた。もしも攻撃が不可能と判明したときは、これらの三個軍は西に向かって旋回し、エルベ川を川沿いの都市パルドゥビツェで渡河した後に東方へ旋回し、敵軍と南部地域との間の交通線に脅威を与えることになっていた。しかしながら、現実には、オーストリア軍はモルトケの予測よりもはるか前方で集結し、エルベ川のこちら側に配備していることが判明したため、皇太子の軍の前進方向は敵の翼側を旋回して、敵を包囲することになった。

一八七〇年、モルトケはザール地方で決定的戦闘を行なうことを企図した。この戦闘では、フランス軍に対して三個軍を指向し、それと紛争しようと考えていた。しかし、この計画は敵の行動によってではなく、敵が麻痺状態に陥ったことによって駄目になった。この麻痺はフランス軍の入手したわずかな情報によって起こったもので、その情報の内容は、最左翼にあったプロイセンの第三軍が、はるか東方で越境し、ヴィッセンブールのフランス軍の一支隊に対して小規模な戦術的成功を収めたというものであった。第三軍はさらに前進し、フランスの他の部隊が現地へ到着する前に、フランス軍の右翼の翼側の軍団を包囲し、ヴェルトで混戦に持ち込まれたが、これを潰滅させた。この一部兵力による独立した戦闘の間接的効果は、モルトケが意図していた大規模な戦闘があげたかもしれない決定的効果を上まわる(決定的な)効果をあげたのであった。プロイセンの第三軍は、主力集団を増強するために内側へ旋回する予定を中止し、それに代わって敵主力の占めている地帯からはるかに離れた、敵の抵抗のない路線に沿って進むことを承認されていた。こうしてプロイセン第三軍は、ヴィオンヴィルとグラヴェレットでの失敗続きの戦闘には参加しなかった。——第三軍がその付近にあったとしても、第三軍が効果的役割を果たすことができないほどに、フランス軍の陣地は堅固であったため、第三軍は次の決定的な局面で最も重要な役割を果たしたのである。

グラヴェレットの戦闘の結果、士気を沮喪することなく、かえって鼓舞されたフランス軍主力が後退してその一翼がメッツに立てこもったとき、実はフランス軍主力は疲労困憊したプロイセンの第一軍と第二軍の前から容易に離脱できたかもしれなかったが、またも第三軍によって阻止される恐れがあったため、フランス軍総司令官バゼーヌはメッツに踏みとどまる気になった。こうしてプロイセン軍は団結を取り戻す時間的余裕を得たのである。一方、フランス軍は開豁《かいかつ》地を見捨てた後は不活発となり、次第に団結が弱まっていった。その結果、フランス軍のマクマオン将軍は、甘言に誘われてというよりも、むしろ政治的圧力を受けて、メッツの救援に向かったが、誤った勧告を受けた彼の作戦は一層悪い結果をもたらした。

こうして何ら意図することなく、先の見通しのないまま、依然として抵抗を受けずにパリに向かって前進中であったプロイセン第三軍に対して、マクマオン軍への間接的アプローチを行なう機会が与えられた。第三軍は、前進方向を西から北へ完全に切り替えながら、マクマオン軍の翼側と背後への迂回運動を行なった。その結果、敵は陥穽にはまり、セダンで降伏せざるをえなくなった。

この戦いの決定的局面では、見かけよりもその裏面により大きな間接性が潜んでいた。しかし、一八七〇年以降に通説となった軍事理論の大部分を左右したのは、前述のような裏面に潜む演繹的結論ではなく、表面的に認められた事実であった。その影響は、一九〇四〜〇五年の日本とロシアの間で行なわれた次の大規模な戦争(日露戦争)において顕著に現われた。

日露戦争

日本にとって「良き師」としてのドイツに学んだ日本が採用した戦略は、本質的に「直接的アプローチ」の戦略であった。ロシアの戦争努力がただ一本の鉄道線(シベリア横断鉄道)にすべてを依存しているという、まれに見る有利な条件に乗じてこれを利用しようとする日本側の企図は、全く見られなかった。あらゆる歴史を通じて、かくも「細長い気管」のような一本の鉄道を使って呼吸したという軍隊はこれまで存在したことがなく、しかもまさにその巨体ゆえに、ロシアはひどい呼吸困難となっていた。しかし、日本の戦略家たちが思いついたことは、そのロシア軍の歯に直接的打撃を与え、その歯の間に飛び込むことにすぎなかった。日本軍は一八七〇年にモルトケが行なったよりも狭い地域に集結した。日本軍が遼陽会戦以前にある程度の分進合撃によるアプローチを企図し、その後、敵と接触してしばしば敵軍の翼を包囲しようとしたことは事実である。しかしこの延翼運動が、図上では比較的広く見えたとしても、実際に軍の規模とのバランスという点から見れば、その正面はきわめて狭小であった。日本軍はモルトケが幸いにも持っていたような「自由に独立した行動のできる軍」を持たず、またメッツのような、いわば意図外の餌も持たず、その餌に食いつこうとするマクマオンも持たなかった（それは、日本軍が旅順という餌を自分の口に入れたからである）。日本側はセダンのような戦勝を期待していたが、実際には決着のつかない大量の流血を見た。その結果、日本側は、最後の決着のつかない奉天会戦後、精力を使いつくしていたときに、ロシア軍の戦意欠如のため、兵力の十分の一しか戦争に投入していなかったロシアと講和を結ぶことができた。これは日本にとっては幸運であり、喜ばしいことであった。

ここでの歴史に関する調査・分析は、事実に関するものであり、推測に関するものではない。何が行なわれたかということと、その結果に関するものであって、もし何かがなされていたらという仮定に関するものではない。調査・分析から引き出された「間接的アプローチの理論」は、「直接的アプローチは係争問題に決着をもたらさない傾向がある」という、実際の経験についての具体的事実に基づいたものでなければならない。それは特定の場合に、間接的アプローチをとることが困難であるか否かといった議論に影響されるものではない。その基本的テーマという観点から見て、ひとりの将軍がもし別の方法をとっていたらどうだったかとか、別の方法をとればもっとうまく事が運んだかどうか、ということは関係がない。

しかしながら、一般的にいって軍事知識の発展に貢献するという点では、推測は常に興味のある問題であり、多くの場合それ相応の価値のあるものである。それゆえに、この研究の核心から離れて眺めたとき、誰でも「旅順」と「マントヴァ」の間に類似性が潜んでいることを指摘できるであろう。その場合、日本軍が朝鮮と満州における交通線の不足と、困難な地形に苦しめられた、そのハンディキャップを考慮に入れることは勿論必要である。このような条件は厳しいほど、他の局面においては有利であり、兵力を有利に使用することが可能になるものである。このように考えると、次のような疑問がすぐに出てくる。「戦争の初期に、日本軍の戦略としては、ナポレオンが敵を誘い出す囮としてマントヴァを利用したように、日本軍も旅順を囮として利用することによって、何らかの利益を得ることはできなかったであろうか」と。また、戦争の後半で、ハルビンから奉天に至るロシア軍の「細長い気管」に対して、日本軍の一部を投入するという考え方ができなかったであろうか、という疑問である。

第10章　二十五世紀間の歴史から得られる結論

本書におけるここでの研究は、古代ヨーロッパの歴史の進路に決定的影響を与えた十二の戦争と、一九一四年までの近代史における十八の大戦争を包含している。一時消えて、再びまた燃えあがるといった、絶え間なく続いたナポレオン戦争は全体を一件として扱っている。これら合計三十の戦争には二百八十件以上の作戦や遠征が含まれている。これらのうちわずか六件だけ――その最高潮は、それぞれイッソス、ガウガメラ、フリートラント、ワグラム、サドワ、セダンで見られた――が敵軍主力に対する「直接的アプローチ」の戦略計画によって、決定的効果をあげている。

これらのうち最初に挙げたふたつの戦いでは、アレクサンドロスの遠征は「間接的アプローチ」の大戦略によって準備され、それはペルシア帝国とその支持者たちの同帝国へ寄せる信頼を著しく動揺させた。そのうえ、あらゆる戦場におけるアレクサンドロスの新しい試みが成功し、それは戦術上の「間接的アプローチ」の技術をもって使用された、きわめて質のすぐれた戦術部隊を持つことによって事実上保証されていた。

ナポレオンは常に間接的アプローチを企図しながら作戦を開始したが、彼が直接的攻撃に訴えることが多かったのは、ひとつには彼の性急さによるものであり、もうひとつは、麾下の軍の優越性に対する彼の自信によるものであった。その優越性の基礎は、最重要点に対して彼が砲兵を集団的に使用したことにあり、フリートラントとワグラムにおいては、戦いの決着は主としてこの新しい戦法によってつけられたのであった。しかし、これらの戦勝のために支払った犠牲と、それがナポレオンの運命に与えた最終的な結果から見れば、ナポレオンと同様な戦術的優越性を持っているときでも、彼がとった直接的アプローチに訴えることを推奨することはできない。

一八六六年のサドワと一八七〇年のセダンでの戦いについては、われわれはすでに、両者とも直接的アプローチとして計画されたにもかかわらず、意図しない間接的アプローチによることができたことを見てきた。いずれの場合も、その戦術の間接性はプロイセン軍の戦術的優越性（一八六六年には元込め銃による優越、一八七〇年には優勢な砲兵による優越）によって強化された。

ここに挙げた六つの戦いを分析してみると、「直接的方法の戦略を採用することは妥当性がない」ことがわかる。しかしながら、歴史全体を通じてみると、直接的アプローチをとることが普通であり、目的を持った間接的アプローチをとることはむしろ例外であった。将帥たちが間接的アプローチを採用したのは、最初からの戦略としてではなく、最後の手段としてであったことも意義深いことである。最初の直接的アプローチが彼らに失敗をもたらし、そのため彼らは悪化した条件の下で間接的アプローチをとらざるをえなくなった結果、最後の策としての「間接的アプローチが彼らの戦いに決着をつけた」のである。このような悪化した状況の下で決定的な成功が得られたということは、なおさら意義深いことである。

「はっきりと決着のついた戦いでは、明らかに間接的アプローチがとられている」ことが、本書の研究において明らかになっている。その中には次の戦いが含まれている。紀元前四〇五年のエーゲ海のリュサンドロスの戦い、紀元前三六二年のペロポネソスにおけるエパミノンダスの戦い、紀元前三三八年のボイオーティアにおけるフィリッポスの戦い、ヒュダスペス川におけるアレクサンドロスの戦い、紀元前三〇二年の近東におけるカッサンドロスとリュシマコスの戦い、エトルリアにおけるハンニバルのトラシメヌスの戦い、アフリカにおけるスキピオのウティカとザマの戦い、スペインにおけるカエサルのイレルダの戦い、（近代史においては）クロムウェルのプレストンとダンバー、ウースターの戦い、一六七四〜七五年のテュレンヌのアルザスの戦い、一七〇一年のオイゲンのイタリアの戦い、一七〇八年のマールバラのフランダースの戦い、一七一二年のヴィラールが行なった戦い、ウルフによるケベックの戦い、一七九四年のジュールダンのモーゼル・マース川の戦い、一七九六年のチャールズ大公のライン・ドナウ川の戦い、一七九六年、一七九七年、一八〇〇年のナポレオンによるイタリアでの戦い、および一八〇五年のウルムとアウステルリッツの戦い、グラントのヴィックスバーグの戦い、シャーマンのアトランタの戦い、である。この研究ではこれらに加えて、間接的アプローチが適用されたか、あるいは間接的アプローチの効果が認められたか、いずれかが十分に明らかでないような、境界線上にある多数の事例を、これまで取り上げてきた。

「歴史上の決定的戦いのほとんどは、間接的アプローチによって決着がついた」ものであり、直接的アプローチによって戦いに決着がついた例は、むしろ大きな稀少価値を持っているということは、「間接的アプローチが非常に有望かつ経済的な戦略である」という結論を強く裏付けている。

われわれは歴史から、さらに多くの、個々の演繹的結論をうることができるであろうか。その答えは然りである。アレクサンドロスの場合は例外であるが、常勝の司令官たちは、天然の要害を利用した強固な陣地に立てこもった敵に直面したときは、直接的方法で敵と対決することはほとんどなかった。彼らは状況の必要に迫られて、そのような敵に対して直接的攻撃の危険を冒す場合もあるが、その結果は通常の場合、彼らの記録を失敗で汚す結果になった。

さらに歴史の示すところによれば、偉大な将帥は、自らあきらめて直接的アプローチをとるよりもむしろ、わずかの一部兵力を率いて、自軍の交通線からも離れ、必要な場合には山地・砂漠・沼沢地を越えてでも、最も障害の多い間接的アプローチをとったのである。偉大な将帥は、直接的アプローチに付随する挫折の危険を選ぶよりも、むしろどんな不利な条件をも甘受する道を選んだのである。

天然の障害はいかに手ごわいものであっても、戦闘の危険に比べれば、その危険度も不安定さも少ないものである。人間の行なう抵抗がもたらすあらゆる条件や障害に比べれば、あらゆる自然条件は計量することが容易であり、それを乗り越えることはできる。人間が行なう抵抗以外の条件件や、それがもたらす障害のほとんどは、合理的計算と準備によって、ほぼ予定どおりに克服することができる。ナポレオンは一八〇〇年に「計画どおりに」アルプスを越えることができたが、敵の小さなバード要塞によって、彼の計画全体を危険に曝され、自軍の運動に対して大きな妨害を加えられたのである。

ここで、これまで検討してきたことを裏側から観察してみると、歴史上の決定的戦闘では勝利者のほとんどが、敵を潰滅させる前に、敵を心理的に不利な立場に立たせていることがわかる。その戦例にはマラトン、サラミス、アイゴスポタモイ、マンティネア、カイロネイア、ガウガメラ（大戦略による）、ヒュダスペス川、イプソス、トラシメヌス、カンナエ、メタウロ川、ザマ、トリカメロン、タギナエ、ヘースティングス、プレストン、ダンバー、ウースター、ブレンハイム、アウデナーデ、ドナン、ケベック、フルーリュス、リヴォリ、アウステルリッツ、イエナ、ヴィックスバーグ、ケーニヒグレーツ、セダンがある。

戦略的検討と戦術的検討を結びつけて考えてみると、大部分の戦例は次のふたつの範疇のうちのいずれかに属していることがわかる。その第一は、戦術的攻勢に見せかけた弾力的防勢（計算済みの退却）の戦略である。第二は、戦術的防勢に見せかけ、実は尻尾に隠した刺針で敵を「びっくりするような」地位に置くことを狙った攻勢の戦略である。これら二種類の戦略・戦術の結合は、いずれも、間接的アプローチを構成するもので、双方が共通に持っている心理的基盤は「誘いと罠」という言葉で表現できる。

事実、クラウゼヴィッツが言おうとしたことよりも深く、かつ広い意味で言えば、「防勢は攻撃に比べて、経済的にも強さにおいてもすぐれた戦略方式である」とさえ言うことができるであろう。その理由は、前記の第二の範疇の例は、表面的および論理的には、ひとつの攻勢的行動であるにもかかわらず、その奥に潜む動機は、敵を「不均衡な前進」に誘い込むことだからである。最も効果的な間接的アプローチというものは、敵を誘いまたは驚かすことによって、わが陽動にひっかからせることであり、それによって柔術のように、敵自身の努力を、自らを転倒させる梃子《てこ》に変えることである。

攻勢の戦略においては、間接的アプローチは、通常の場合、経済的目標――敵国または敵軍の補給源――に対して指向される兵站上の軍事行動も包含している。しかしながら、この兵站上の軍事行動は、ベリサリウスのいくつかの戦例に見られるように、全くの心理的目的を持って行なわれることもある。行動の形式はどうであれ、それが求める効果は、敵の心理や配備の攪乱にある。そのような効果の程度こそが、間接的アプローチの有効性を測る真の尺度をなすものである。

この研究からさらに引き出すべき演繹的結論としては――それは多分はっきりした結論ではないにしても、少なくとも何らかの示唆を与えるものであるが――ふたつ以上の国家あるいは軍と戦う場合には、敵の主力を撃破すれば、自動的に敵の脇役を崩壊させることになると信じて敵の主力の撃滅を図るよりも、まず敵の脇役に対して攻撃を集中するほうが成果が大きいということである。

古代世界のふたつの卓抜な戦い、アレクサンドロスのペルシアの打倒と、スキピオのカルタゴの打倒は、ともに「根元を絶つ」という目的で遂行された。間接的アプローチの大戦略は、マケドニア帝国とローマ帝国を創りあげただけでなく、両帝国の最大の後継者であるイギリス帝国をも創りあげることになったのである。ナポレオン・ボナパルトの運命と、皇帝としての彼の威力も、間接的アプローチの大戦略を基礎として築かれた。さらに後、アメリカの強大強固な構造も、この戦略の下で生まれた。

間接的アプローチの術を身につけ、その全体を評価することは、戦史全体を研究し、熟考することによってのみ達成されるものである。とはいえ、われわれは、少なくとも戦史から得た教訓を簡単な格言の形に集約することはできる。そのひとつは消極的な面についてであり、もうひとつは積極的な面についてである。すなわちその第一は、歴史上豊富に存在する確証を前にしては、いかなる将軍も強固な陣地に立てこもる敵に対して、自軍を直接的攻撃に投入することは妥当ではないということである。第二は、わが直接攻撃によって敵の均衡を覆すことを追求することをせずに、攻撃に先立って敵の均衡をあらかじめ覆しておくべきだということである。

レーニンはかつて「敵が精神的に崩壊して、わが方が敵に精神的打撃を与えることが可能になり、かつそれが容易になるまでは、作戦を延期しておくことが戦争における最も確実な戦略である」とのべた。彼は基本的な真理についてひとつの考え方を持っていたのである。このような考え方はいつでも適用できるわけではなく、レーニンの行なった政治宣伝の方法でいつでも成果があったわけではない。しかし、レーニンの言葉は「いかなる戦いでも、敵を精神的に攪乱し、わが方の決定的打撃が実行可能になるまで、戦闘を延期しておくことが最も堅実な戦略であり、また攻撃を延期することが最も堅実な戦術である」と言い換えることができるであろう。

《下巻に続く》

著者　ベイジル・ヘンリー・リデルハート（Sir Basil Henry Liddell Hart）
一八九五年〜一九七〇年。ケンブリッジ大学で歴史学を専攻。第一次世界大戦では陸軍将校として従軍し、西部戦線で負傷。後陸軍教育団に所属するが、一九二七年、大尉で退役。以後、作家、ジャーナリストとして、軍事史、軍事評論家として活躍。戦争の世界史を解読し「間接的アプローチ戦略」を提唱した。主著『戦略論』他著作多数。

訳者　市川良一（いちかわ・りょういち）
一九三三年埼玉県菖蒲町生まれ。一九五六年京都大学農学部農林経済学科卒業。航空自衛隊幹部学校教官（指揮・管理・戦史担当）を経て、航空自衛隊第五航空団副司令（F15初度配備・運用に参画）、防衛庁防衛研究所所員（戦略・安全保障担当）を歴任。二〇一五年没。著書――『今西錦司語録――自然の復権』（二〇〇八年、柊風舎）。論文――「制水権の構想」（一九七五年『鵬友』）、「ドゥーエ戦略論と現代」（一九八二年『軍事史学』）、「戦略の工学化」（一九八三年『新防衛論集』）、「都市化社会と防衛空間」（一九八六年同前）、「安全保障の生態学的検討」（一九八七年同前）。訳書――サミュエル・ハンチントン『軍人と国家』（一九七八年、原書房）、デイヴィド・ブラウン／アイリーン・フランク『20世紀グローバル年表』（二〇〇〇年、東洋書林）

リデルハート戦略論《せんりゃくろん》
間接的《かんせつてき》アプローチ
（上）

2010年4月30日　第1刷
2023年5月22日　第3刷

著者…………ベイジル・ヘンリー・リデルハート
訳者…………市川良一《いちかわりょういち》
発行者…………成瀬雅人
発行所…………株式会社原書房
〒160-0022東京都新宿区新宿1-25-13
電話・代表　03(3354)0685
http://www.harashobo.co.jp
振替・00150-6-151594

装幀…………和田悠里（Studio Pot）
本文印刷…………三松堂印刷株式会社
カバー等印刷…………株式会社明光社印刷所
製本…………東京美術紙工協業組合

ISBN 978-4-562-04550-1, Printed in Japan

歴史と戦略の本質　歴史の英知に学ぶ軍事文化　上・下

W・マーレー、R・ハート・シンレイチ編著／今村伸哉監訳

現地の歴史を無視した米軍のイラク侵攻後の失政に明らかなように、軍の指導層が歴史を学ぶ重要性や歴史家の軍事史研究の問題点を解明。軍事専門家、軍事史学者が世界史と軍事史の読解の基本を解説する。　各２４００円

新戦略の創始者　マキアヴェリからヒトラーまで　上・下

エドワード・ミード・アール／山田積昭・石塚栄・伊藤博邦訳

世界を動かした三十五人の戦略・戦術家の思想と行動を解説。戦略が単に軍隊指揮を意味した時代から、平時の政治、経済、外交を含む国家戦略に発展するまでの系譜を体系的に跡づけた戦略思想史の名著。　各２８００円

マキアヴェリ　戦術論

ニッコロ・マキアヴェリ／浜田幸策訳

ルネサンス期の自由都市フィレンツェ防衛のため、「戦争」に勝利するためになすべき支配・管理・統制の実際を、時代を超えた人間関係学として展開し、フランス革命後の国民軍構想を予言した先駆的名著。　３２００円

マハン　海上権力史論

アルフレッド・T・マハン／北村謙一訳／戸高一成解説

クラウゼヴィッツ『戦争論』、リデルハート『戦略論』とならび、世界の海軍戦略に影響を与えてきた不朽の名著。平和時の通商・海軍活動も含めた広義の「シーパワー理論」を構築したマハンの代表的著作。　３２００円

フラー　制限戦争指導論

J・F・C・フラー／中村好寿訳

戦争の真の目的は平和であり、勝利ではない。無制限戦争を回避するため、どのような戦争指導をすべきか。フランス革命以降の無制限戦争を分析し、いかなる戦争指導が戦争を拡大させたかを解明する。　３８００円

（価格は税別）

ルパート・スミス **軍事力の効用** 新時代「戦争論」

ルパート・スミス／山口昇監訳

湾岸戦争、ボスニア紛争の司令官が自らの経験を通じてこれからの「戦争」「戦略」そして「軍事力」についてつきつめて解説。様々な経験に裏打ちされた「新・戦争論」。「軍事力」の意義を問い直す名著。　３８００円

戦いの世界史 一万年の軍人たち

ジョン・キーガン、リチャード・ホームズほか／大木毅監訳

英国軍事史の泰斗が人類世界に多大な影響を刻み込んだ戦争を、兵科ごと・テーマごとに横断的、重層的に語りつくす。古代から現代にいたる戦いの様相と広範な人間的局面の史実をリアルに描く。図版多数。　５０００円

終戦論 なぜアメリカは戦後処理に失敗し続けるのか

ギデオン・ローズ／千々和泰明監訳

第一次世界大戦からアフガニスタンまで、アメリカは戦後処理に失敗し続けてきた。終戦とともに始まる「本当の戦い」。膨大な資料を基に安全保障のプロが問う、はじめての「終戦論」。　２８００円

戦争の変遷

マーチン・ファン・クレフェルト／石津朋之監訳

戦争は国家の「利益」を求めた行為ではない、それ自体が人類の営みなのだと看破、真っ向からクラウゼヴィッツの『戦争論』批判を展開。テロとの戦いを予見、これからの国家のあり方までを見据える。　２８００円

戦争文化論 上・下

マーチン・ファン・クレフェルト／石津朋之監訳

人類は戦争に魅了されていると著者は主張する。戦争は政治目的の手段に過ぎないというクラウゼヴィッツに異議を唱え「戦争とはなにか」を喝破、軍事史・戦略論の世界的権威が語り尽くした名著。　各２４００円

（価格は税別）

シャーマン・ケント **戦略インテリジェンス論**

シャーマン・ケント／並木均監訳、熊谷直樹訳

アメリカで「情報分析の父」と呼ばれたシャーマン・ケントによるインテリジェンス論を初邦訳。「情報」をどのように考えるか。インテリジェンスの意味から分類、いかに活用するかを明解に示した名著。　3000円

ルーデンドルフ **総力戦**

エーリヒ・ルーデンドルフ／伊藤智央訳・解説

「第一次大戦により戦争の質は変化した。クラウゼヴィッツでは読み解けない」とした歴史的戦略論を最先端の日本人研究者による完全新訳。また詳細な解説論文を付す。現代でもなお通ずる論点が見逃せない。　2800円

ルパート・スミス **軍事力の効用** 新時代「戦争論」

ルパート・スミス／山口昇監訳

「軍事力」についての意識を改めなくてはならない今、湾岸戦争、ボスニア紛争の司令官が自らの経験を通じて、これからの「戦争」「戦略」そして「軍事力」に関してつきつめた名著、待望の全訳。　3800円

戦争文化論 上・下

マーチン・ファン・クレフェルト／石津朋之監訳

人類は戦争に魅了されていると著者は主張する。戦争は政治目的の手段に過ぎないというクラウゼヴィッツに異議を唱え「戦争とはなにか」を喝破、軍事史・戦略論の世界的権威が語り尽くす。　各2400円

リデルハート **戦略論** 上・下 間接的アプローチ

B・H・リデルハート／市川良一訳

紀元前5世紀から20世紀まで軍事的に重要な世界の戦争を鮮やかに分析して構築した「間接的アプローチ理論」のすべて。クラウゼヴィッツ『戦争論』と並び称される20世紀の戦争学・戦略学の名著。　各2400円

（価格は税別）